全国职业培训推荐教材
劳动和社会保障部教材办公室评审通过
适合于职业技能短期培训使用

工具钳工基本技能

中国劳动社会保障出版社

图书在版编目(CIP)数据

工具钳工基本技能/李红军，王晓东主编．—北京：中国劳动社会保障出版社，2007

职业技能短期培训教材

ISBN 978-7-5045-6087-2

Ⅰ.工…　Ⅱ.①李…　②王…　Ⅲ.钳工-技术培训-教材　Ⅳ.TG9

中国版本图书馆 CIP 数据核字(2007)第 035298 号

中国劳动社会保障出版社出版发行

(北京市惠新东街 1 号　邮政编码：100029)

出 版 人：张梦欣

*

北京宏伟双华印刷有限公司印刷装订　　新华书店经销

850 毫米×1168 毫米　32 开本　4.25 印张　105 千字

2007 年 4 月第 1 版　　2019 年 11 月第 9 次印刷

定价：8.00 元

读者服务部电话：(010) 64929211/84209101/64921644

营销中心电话：(010) 64962347

出版社网址：http://www.class.com.cn

http://zyjy.class.com.cn

前言

职业技能培训是提高劳动者知识与技能水平、增强劳动者就业能力的有效措施。职业技能短期培训能够在短期内，使受培训者掌握一门技能，达到上岗要求，顺利实现就业。

为了适应开展职业技能短期培训的需要，促进短期培训向规范化发展，提高培训质量，中国劳动社会保障出版社组织编写了职业技能短期培训系列教材，涉及二产和三产50多个职业（工种）。在组织编写教材的过程中，以相应职业（工种）的国家职业标准和岗位要求为依据，并力求使教材具有以下特点：

短。教材适合15～30天的短期培训，在较短的时间内，让受培训者掌握一种技能，从而实现就业。

薄。教材厚度薄，字数一般在10万字左右。教材中只讲述必要的知识和技能，不详细介绍有关的理论，避免多而全，强调有用和实用，从而将最有效的技能传授给受培训者。

易。内容通俗，图文并茂，容易学习和掌握。教材以技能操作和技能培养为主线，用图文相结合的方式，通过实例，一步步地介绍各项操作技能，便于学习、理解和对照操作。

这套教材适合于各级各类职业学校、职业培训机构在开展职业技能短期培训时使用。欢迎职业学校、培训机构和读者对教材中存在的不足之处提出宝贵意见和建议。

劳动和社会保障部教材办公室

简 介

本书是职业技能短期培训教材，由劳动和社会保障部教材办公室组织编写。本书内容涉及钳工入门知识、划线、锉削、锯削、孔加工、锉配、刮削、研磨、模具制作与装配等。

本书内容充实，实用性强，图文并茂，通俗易懂。通过本课程的学习，在基本知识及操作技能上应达到初级技术工人应知、应会的要求，能运用这些知识解决生产中的有关问题。

本书由李红军、王晓东主编，崔和家、姜丽参与编写；刚绍旭主审。

目　录

第一单元　钳工入门知识

一、训练目标

1. 了解钳工工作场地设备和本工种操作中常用的量具。

2. 了解工作场地的规章制度及安全文明生产要求。

二、相关知识

1. 钳工常用设备

(1) 钳桌。钳桌是钳工专用的工作台，是用来安装台虎钳、放置工具和工件的，如图 1—1 所示。钳桌有多种样式，有木质的、钢结构的，也有在木质的台面上覆盖铁皮的，其高度为 800～900 mm。在安装虎钳后，使用者身体靠近钳桌自然站立，抬起小臂与身体保持垂直，小臂与虎钳口的距离为 5～8 cm，或者右臂向上弯曲，手指自然收拢，中指中间关节贴于下巴时，肘部刚好落在钳口上。钳桌高度的确定如图 1—2 所示。钳桌的长度和宽度则随工作需要而定。

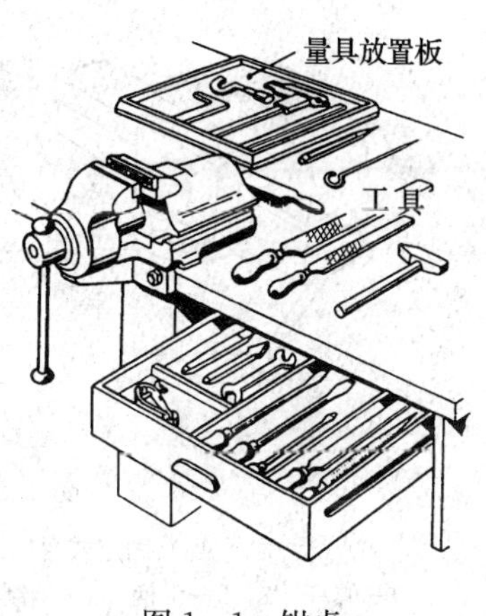

图 1—1　钳桌

(2) 台虎钳。台虎钳装在钳桌上，用来夹持工件，其规格用钳口宽度表示，常用的有 100 mm、125 mm 和 150 mm 等。

台虎钳有固定式台虎钳（见图 1—3a）和回转式台虎钳（见图 1—3b）两种，两者的主要小结构基本相同，由于回转式台虎钳的整个钳身可以回转，能满足工件各种不同方位的加工需要，所以使用方便，应用广泛。

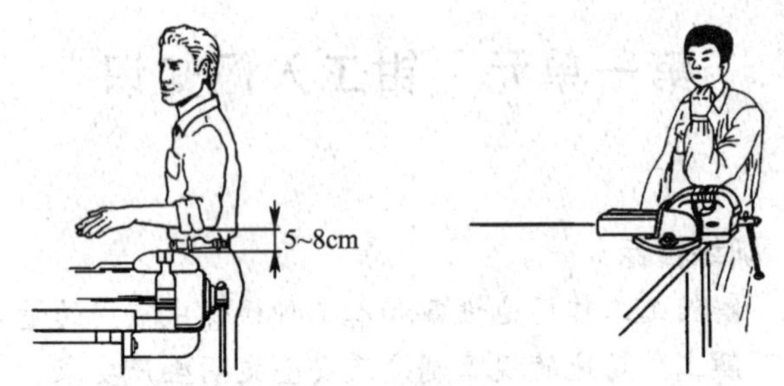

图 1—2 钳桌高度的确定

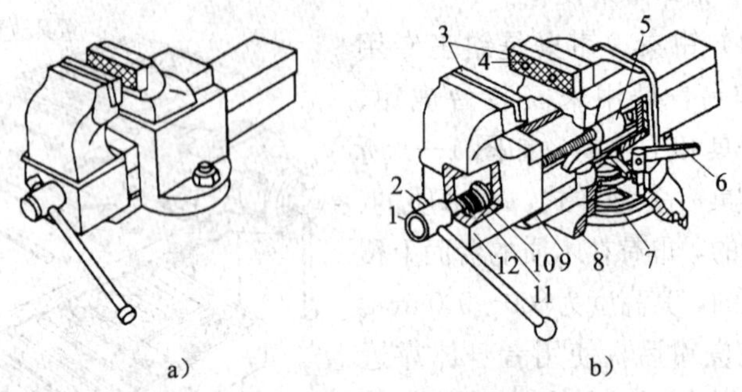

图 1—3 台虎钳

a）固定式台虎钳 b）回转式台虎钳

1—螺杆 2，6—手柄 3—钢制钳口 4—螺钉 5—螺母 7—夹紧盘 8—转盘底座 9—固定钳身 10—挡圈 11—弹簧 12—活动钳身

1）回转式台虎钳。主要由固定钳身 9、活动钳身 12 两部分构成，通过转盘底座 8 上的 3 个螺栓固定在钳桌上。固定钳身 9 装在转盘底座上，并能在转盘底座上绕其轴心线转动，当转到合适的加工位置时，利用手柄 6 使夹紧螺钉旋紧，并通过夹紧盘 7 使固定钳身与转盘底座紧固。螺母 5 固定在固定钳身上，活动钳身导轨与固定钳身导轨孔相滑配，螺杆 1 穿过活动钳身与螺母 5 配合，当摇动手柄 2 使螺杆旋转时，便带动活动钳身相对固定钳

身产生移动，完成夹紧或松开工件的动作。在夹紧工件时，为避免螺杆受到冲击和松开工件时活动钳身能平稳地退出，螺杆 1 上套有弹簧 11 并用挡圈 10 将其固定。为了防止钳口磨损，在台虎钳上通过螺钉 4 装配钢制钳口 3，钢制钳口 3 上有交叉的斜纹，用来夹紧工件使其不易滑动，钳口经淬火以延长使用寿命。

2）台虎钳的使用和维护。

①台虎钳安装在钳桌上，必须使固定钳身的钳口工作面处于钳桌边缘之外，以便在夹持长工件时不受钳桌边缘的阻碍。

②台虎钳必须牢固地固定在钳桌上，2 个夹紧螺钉必须拧紧，以免发生松动现象，保证加工质量。

③夹紧工件时只允许依靠手的力量来扳动手柄，不能用锤子敲击手柄或套上长管子来扳手柄，以免螺杆、螺母或台虎钳床身损坏。

④强力作业时，应尽量使力量朝向固定钳身，避免螺杆、螺母受力过大而造成损坏。

⑤不允许在活动钳身的光滑平面上进行敲击作业。

⑥螺杆、螺母和其他活动表面上都要经常加油并保持清洁。

3）砂轮机。砂轮机用来刃磨錾子、钻头和刮刀等刀具或其他工具，也可用来磨去工件或材料上的毛刺、锐边、氧化皮等。

砂轮机主要由砂轮、电动机和机体组成，如图 1—4 所示。砂轮的质地硬而脆，工作时转速较高。因此，使用砂轮机时应遵守安全操作规程，严防发生砂轮机造成的人身伤害事故。

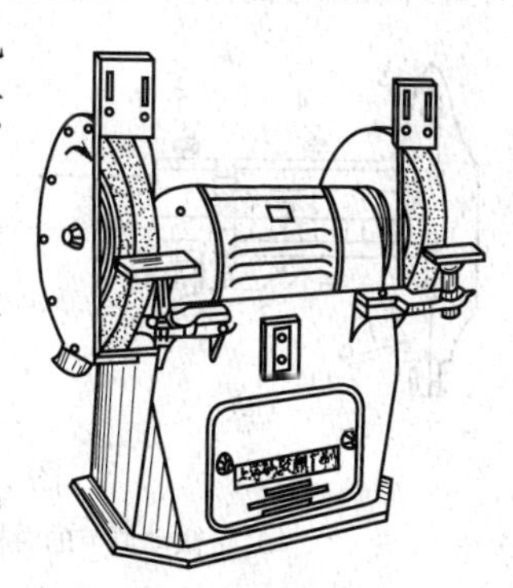

图 1—4　砂轮机

工作时应注意以下几点：

①砂轮的旋转方向应正确（按砂轮罩壳上箭头所示），从而使工件磨屑向下方飞溅。

②启动后，应等砂轮转速达到正常后再进行磨削。

③磨削时要防止刀具或工件撞击砂轮或施加过大的压力。当砂轮外圆跳动严重时，应及时用修整器修整。

④砂轮机的搁架与砂轮间的距离，一般应保持在 3 mm 以内，并且当砂轮磨损后直径变小时，应及时调整，否则容易使磨削件被轧入，造成事故。

⑤磨削时，操作者不要站立在砂轮的正对面，而应站在砂轮的侧面或斜对面。

2. 钳工常用量具

（1）游标卡尺。游标卡尺是一种常用量具，能直接测量零件的外径、内径、长度、宽度、深度和孔距等。钳工常用的游标卡尺测量范围有 0～125 mm、0～200 mm、0～300 mm 等几种规格。

1）游标卡尺的结构。游标卡尺的结构如图 1—5 所示。图 1—5a 所示为可微动调节的游标卡尺，其主要由尺身 1 和游标 2 组成。使用时，松开螺钉 4、5，即可推动游标在尺身上移动。测量工件需要微量调节时，可拧紧螺钉 5，松开螺钉 4，旋动微动螺母 6，通过小螺杆 7 使游标 2 微动。量得尺寸后，拧紧螺钉 4，使游标位置固定，然后读数。游标卡尺上量爪 9 的内侧面可测量外径和长度，外侧面用来测量内孔或沟槽。

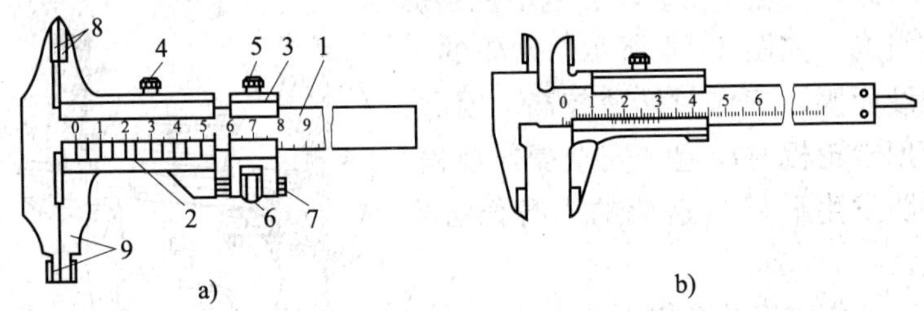

图 1—5　游标卡尺

a）可微动调节的游标卡尺　b）带测深杆的游标卡尺

1—尺身　2—游标　3—辅助游标　4，5—螺钉

6—微动螺母　7—小螺杆　8，9—量爪

图 1—5b 所示为带测深杆的游标卡尺，其结构简单轻巧，上量爪可测量孔径、孔距和槽宽，下量爪可测量外径和长度，尺后的测深杆还可测量内孔和沟槽深度。

2）游标卡尺的刻线原理与读数方法。常用游标卡尺的测量精度按游标每格的读数值有 0.02 mm（1/50）和 0.05 mm（1/20）两种。

①刻线原理。0.02 mm 游标卡尺的刻线原理是尺身每小格 1 mm，当两测量爪合并时，游标上的 50 格刚好与尺身上的 49 mm 对正。尺身与游标每格之差为 1－49/50＝0.02 mm，此差值即为 0.02 mm 游标卡尺的测量精度。

0.05 mm 游标卡尺的刻线原理是尺身每小格 1 mm，当两测量爪合并时，游标上的 20 格刚好与尺身上的 19 mm 对正。尺身与游标每格之差为 1－19/20＝0.05 mm，此差值即为 0.05 mm 游标卡尺的测量精度。

②读数方法。游标卡尺以游标零线为基准进行读数，其读数步骤为：

a. 读整数。在尺身上读出位于游标零线左边最接近的整数值。

b. 读小数。用游标上与尺身刻线对齐的刻线格数，乘以游标卡尺的测量精度值，读出小数部分。

c. 求和。将两项读数值相加，即为被测尺寸，如图 1—6 所示。

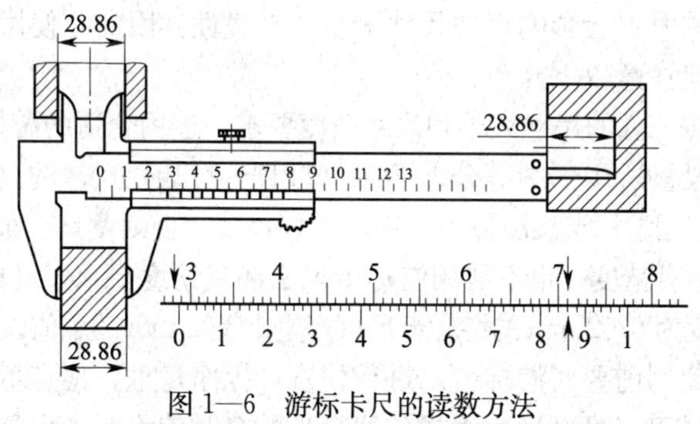

图 1—6　游标卡尺的读数方法

3）其他游标卡尺。

①游标深度尺。如图 1—7 所示，用来测量台阶的高度、孔深和槽深。

②游标高度尺。如图 1—8 所示，用来测量零件的高度和划线。

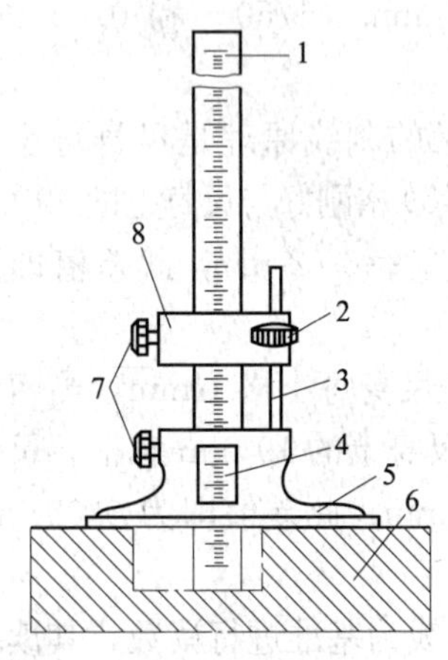

图 1—7　游标深度尺

1—主尺　2—微动手轮　3—微动螺杆

4—游标　5—尺座　6—工件

7—固定螺钉　8—微动架

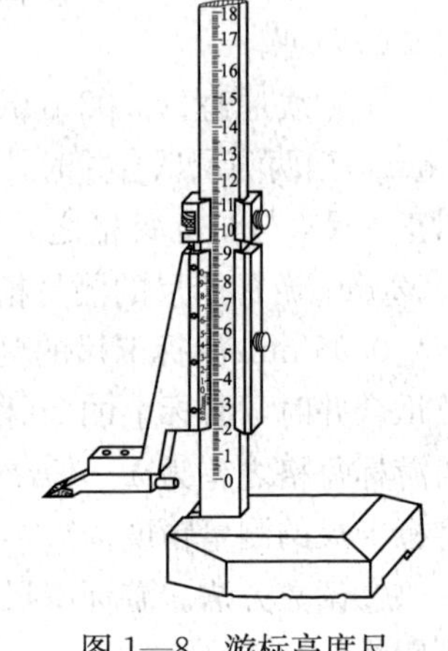

图 1—8　游标高度尺

4）注意事项。游标卡尺如使用不当，不但会影响其本身的精度，同时也会影响零件尺寸测量的准确性。因此，使用游标卡尺时，应注意以下几点：

①按工件的尺寸大小和尺寸精度要求，选用合适的游标卡尺。游标卡尺只适用于中等公差等级（IT10～IT16）尺寸的测量和检验，不能用游标卡尺测量铸锻件等毛坯尺寸，否则量具会很快磨损而失去原有精度；也不能用游标卡尺去测量精度要求过高的工件，因为精度为 0.02 mm 的游标卡尺可产生±0.02 mm 的示值误差。

②使用前要对游标卡尺进行检查，擦净量爪，检查量爪测量面和测量刃口是否平直无损；两量爪贴合时应无漏光现象，尺身

和游标的零线要对齐。

③测量外尺寸时，两量爪应张开到略大于被测尺寸，自由进入工件，以固定量爪贴住工件。然后用轻微的压力把活动量爪推向工件，卡尺测量面的连线应垂直于被测表面，不能歪斜，如图1—9a 所示。

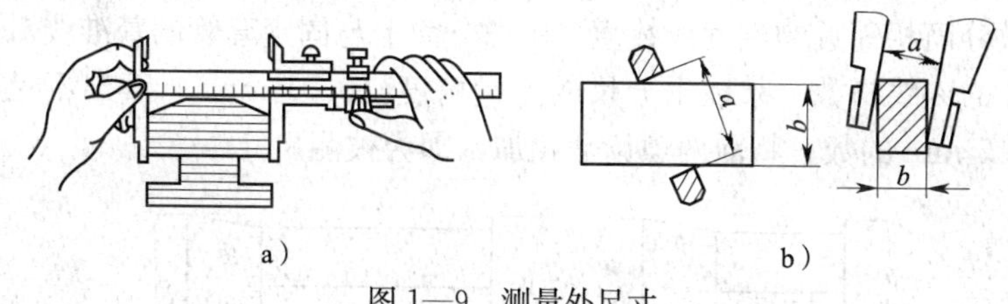

图 1—9 测量外尺寸

a）正确操作 b）错误操作

（2）千分尺。千分尺是一种精密量具，其测量精度比游标卡尺高，应用广泛。

1）千分尺结构。图 1—10 所示为千分尺的结构形状，其由尺架 2、固定测砧 1、测微螺杆 5、固定套管 6、微分筒 7、测力装置和锁紧装置等组成。

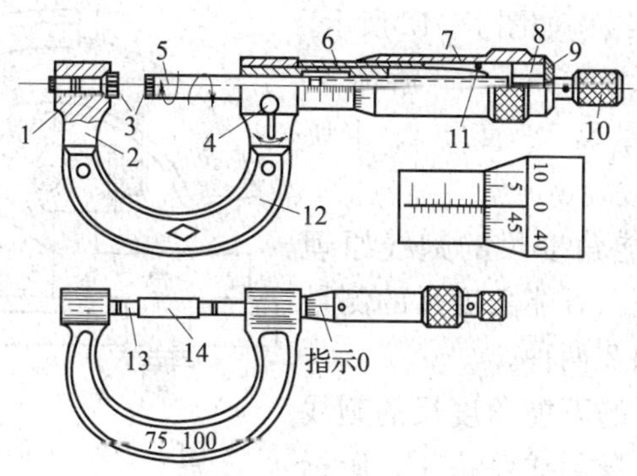

图 1—10 千分尺

1—固定测砧 2—尺架 3—合金测头 4—制动器 5—测微螺杆

6—固定套管 7—微分筒 8—接头 9—垫圈 10—测力手柄

11—调节螺母 12—隔热板 13—校验杆 14—绝热套

2）千分尺的刻线原理与读数方法。微分筒的外圆锥面上刻有 50 格，测微螺杆的螺距为 0.5 mm。微分筒每转一圈，测微螺杆就轴向移动 0.5 mm。当微分筒每转动一格时，测微螺杆就移动 0.5÷50＝0.01 mm，所以千分尺的测量精度为 0.01 mm。

3）千分尺的读数方法（见图 1—11）。在固定套管上读出与微分筒相邻近的刻度线数值；用微分筒上与固定套管的基准线对齐的刻线格数，乘以千分尺的测量精度（0.01 mm），读出不足 0.5 mm 的数；将前两项读数相加，即为被测尺寸。

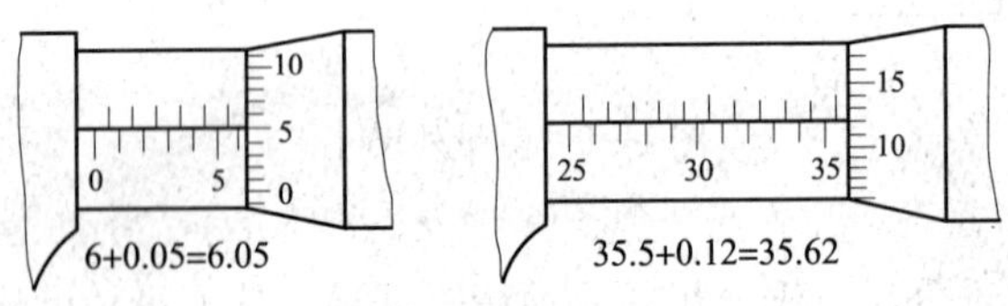

图 1—11　千分尺的读数方法

（3）万能角度尺。万能角度尺用来测量工件和样板的内、外角度及角度划线。

1）万能角度尺的结构。万能角度尺的结构如图 1—12 所示，其由尺身 1、90°角尺 5、游标 3、制动器 2、基尺 7、直尺 6、卡块 4 等组成。

2）万能角度尺的刻线原理与读数方法。万能角度尺的测量精度有 5′和 2′两种。

精度 2′的万能角度尺的刻线原理是：尺身刻线每格 1°，游标刻线是将尺身上 29°所占的弧长等分为 30 格，每格所对的角度为

图 1—12　万能角度尺

1—尺身（扇形板）　2—制动器

3—游标　4—卡块　5—90°角尺

6—直尺　7—基尺

$(29/30)^\circ$。因此，游标 1 格与尺身 1 格相差 $1^\circ-\left(\frac{29}{30}\right)^\circ=\left(\frac{1}{30}\right)^\circ=2'$，即万能角度尺的测量精度为 $2'$。

万能角度尺的读数方法与游标卡尺的读数方法相似。

综合训练　异　形　件

一、训练目标

1. 通过综合测量练习，使学生了解误差产生的原因。

2. 熟悉游标卡尺、千分尺及万能角度尺的使用。

二、测量工具

游标卡尺、千分尺、角度尺和钢直尺。

三、工件图样

按图 1—13 标注测量工件的各处尺寸。

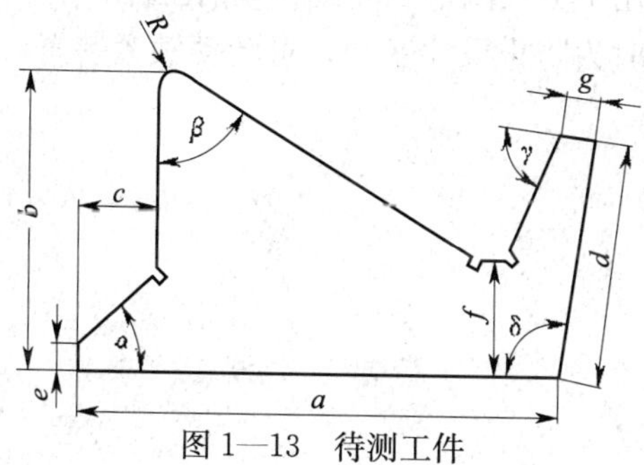

图 1—13　待测工件

四、测量步骤

1. 测量 a 到 g 的尺寸。

2. 测量半径 R。

3. 测量角 α 到 δ。

4. 完成每个尺寸的测量后将结果填入表 1—1 中，每个尺寸测量 3 次。

表 1—1　　测量结果

	数据 1	数据 2	数据 3		数据 1	数据 2	数据 3
a				b			
c				d			
e				f			
g				R			
α				β			
γ				δ			

五、注意事项

1. 应按工件的尺寸及精度要求选用合适的测量工具。

2. 使用前要检查工具的刃口是否平直无损，尺身和游标的零线是否对齐。

3. 测量时应使工具测量面的连线垂直于被测量表面。

4. 不能用千分尺测量毛坯或转动的工件。

5. 测量时为防止尺寸变动，可转动锁紧装置，锁紧测微螺杆。

第二单元　划　　线

模块一　平面划线

一、训练目标

1. 能正确使用平面划线工具。

2. 掌握基本划线方法。

二、相关知识

1. 平面划线常用工具

(1) 钢直尺。钢直尺是一种简单的尺寸量具。在尺面上刻有米制或英制尺寸，它主要用来量取尺寸、测量工件，也可以用做划直线的导向工具，如图 2—1 所示。在钢直尺表面上刻有尺寸刻度线，最小刻线距为 0.5 mm，其长度规格有 150 mm、300 mm、500 mm、1 000 mm 等多种。

(2) 划线平台。划线平台是划线的基本工具，一般由铸铁制成，工作表面经过精刨或刮削加工，如图 2—2 所示。

由于平台表面是划线的基本平面，其平整性直接影响划线的质量。因此，安装时必须使工作平面（平台面）保持水平位置。

图 2—1　钢直尺

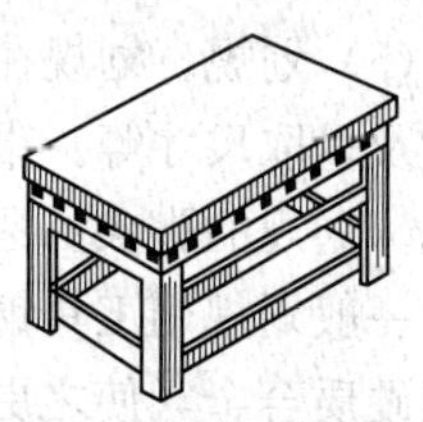

图 2—2　划线平台

在使用过程中要保持清洁，防止铁屑、灰砂等附着在划线工具上，当工件移动时划伤平台表面。划线时，工件和工具在平台上要轻放，防止台面受撞击，更不允许在平台上进行任何敲击工作，划线平台要各处平均使用，避免局部地方凹陷，影响平台的平整性。平台使用后应擦净并涂油防锈。

（3）划针。划针用来在工件上划线条。划针用弹簧钢丝或高速钢制成，直径一般为 3～5 mm，尖端磨成 10°～20°的尖角，并经淬火使之硬化，如图 2—3 所示。

（4）划线盘。划线盘一般用于立体划线和找正工件的加工位置，如图 2—4 所示。它由底座、立柱、划针和夹紧螺母等组成，夹紧螺母可将划针固定在立柱所需要的位置上。划针的直头端用来划线，为了增加划线时划针的刚度，划针不宜伸出过长。弯头端用来找正工件的加工位置，如找正工件表面与划线平台平行等。

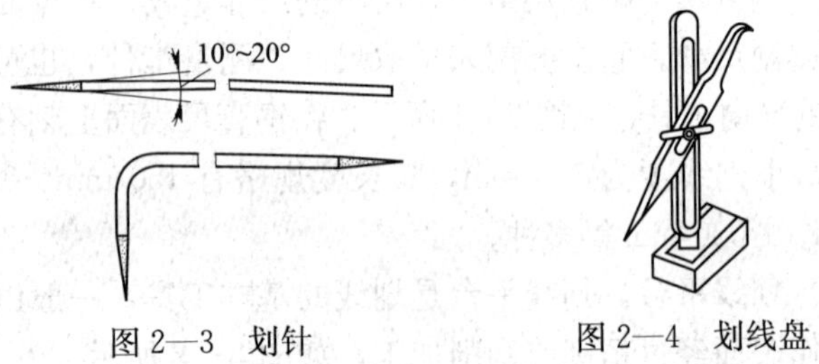

图 2—3　划针　　　图 2—4　划线盘

划线盘使用完毕后，将划针的直头端向下，使之处于竖直状态，以防伤人和减少所占的空间位置。

（5）划规。划规在划线中主要用来划圆和圆弧、等分线段和角度及量取尺寸等。钳工用划规有普通划规、弹簧划规和大尺寸划规。划规的脚尖必须坚硬，才能使金属表面上划出清晰的线条。一般划规用工具钢制成，脚尖经淬火，有的划规还在脚尖上加焊硬质合金，使之更加锋利和耐磨。

1）普通划规（见图 2—5）。其结构简单、制造方便，铆合处松紧适当，两脚长短一致。如在普通划规上装上锁紧装置，拧紧锁紧螺钉，则可保持已调节好的尺寸不会变动。

2）弹簧划规（见图 2—6）。使用时，旋动调节螺母即可，调节尺寸方便。该划规结构刚度较差，适于在光滑表面上划线。

3）大尺寸划规。又称滑杆划规，如图 2—7 所示。

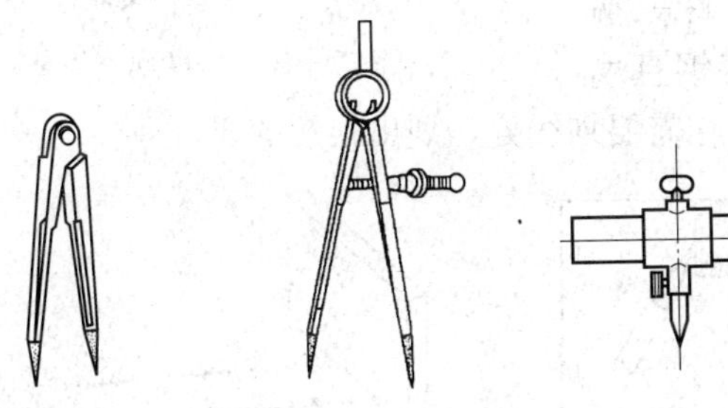

图 2—5　普通划规　图 2—6　弹簧划规 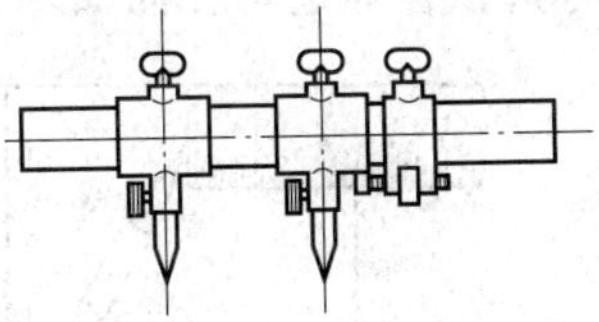　图 2—7　大尺寸划规

（6）中心冲。用于在工件所划加工线条上冲眼，做加强加工界限标志和为划圆弧或钻孔定中心。它一般用工具钢制成，尖端处淬硬，其顶尖角度在用于加强划线标记时大约为 30°，用于钻孔定中心时取 60°，如图 2—8 所示。

（7）90°角尺。在划线时常用做划平行线或垂直线的导向工具，也可用来找正工件平面在划线平台上的垂直位置，如图 2—9 所示。

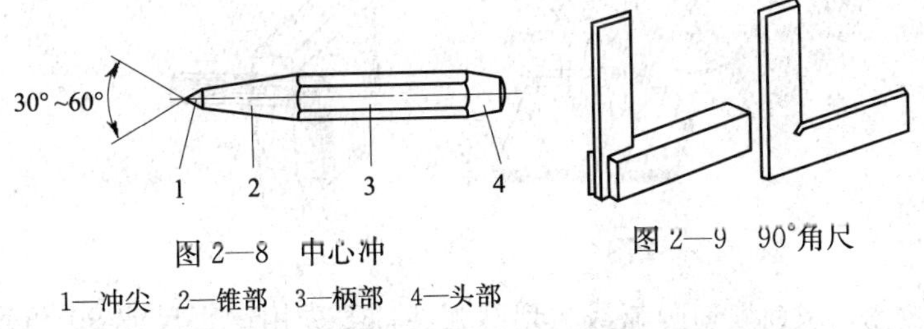

图 2—8　中心冲

1—冲尖　2—锥部　3—柄部　4—头部

图 2—9　90°角尺

（8）角度规。常用做划角度线，如图 2—10 所示。

2. 基本线条的划法

（1）用钢直尺划线。用左手食指和拇指紧握钢直尺，同时紧紧靠着基准边，用划针沿着钢直尺的零边划出一段线条，如图2—11所示。若工件一端有边可靠，则可将钢直尺的零边抵住靠边，在需要划线处，划出很短的线。

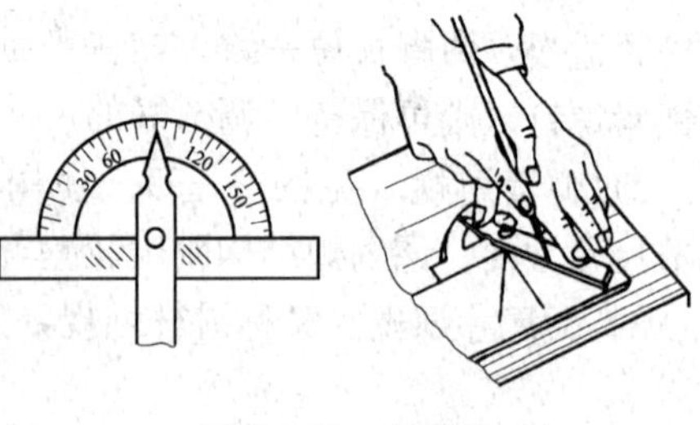

图2—10　角度规

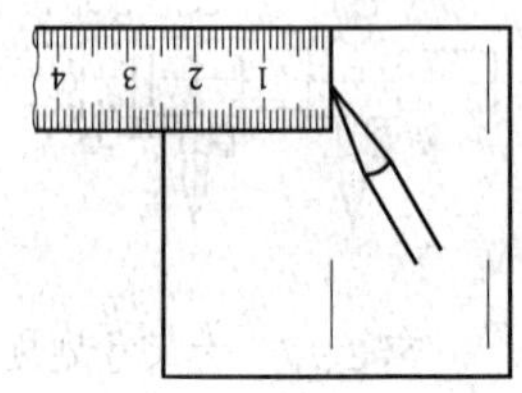

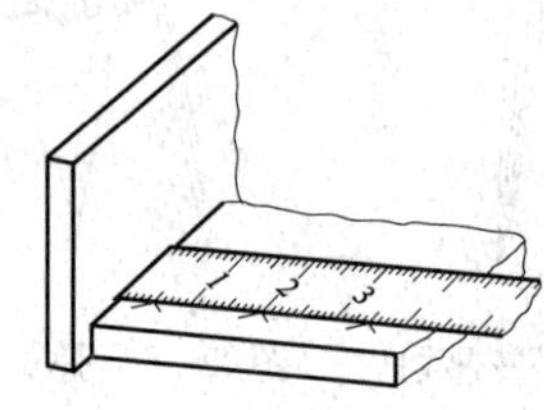

图2—11　用钢直尺划线

（2）用90°角尺划线。

1）划平行线。如图2—12所示，先用钢直尺靠90°角尺量好距离，然后用划针沿着90°角尺划出平行线。

2）划垂直线。精度要求不高的垂直线可用扁90°角尺的一边对准已划好的线，沿扁角尺的另一边划垂直线。

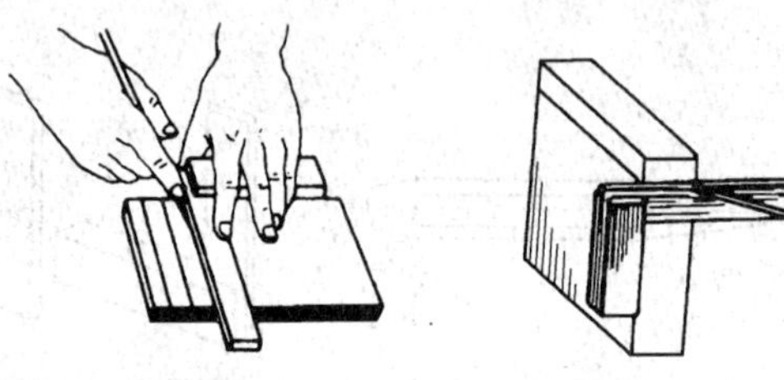

图2—12　用90°角尺划线

3）用划规划圆弧线。划圆弧线前要先用钢直尺或90°角尺划出中心线，确定中心点，并在中心点上打样冲眼，再用划规按图样所要求的半径划出圆弧。

3. 划线基准的选择

（1）以两个相互垂直的平面（或线）为基准。如图 2—13 所示，从零件上互相垂直的两个方向的尺寸可以看出，每一方向上的许多尺寸都是依照其测平面（在图样上是一条线）来确定的。此时这两个平面就分别是每一方向的划线基准。

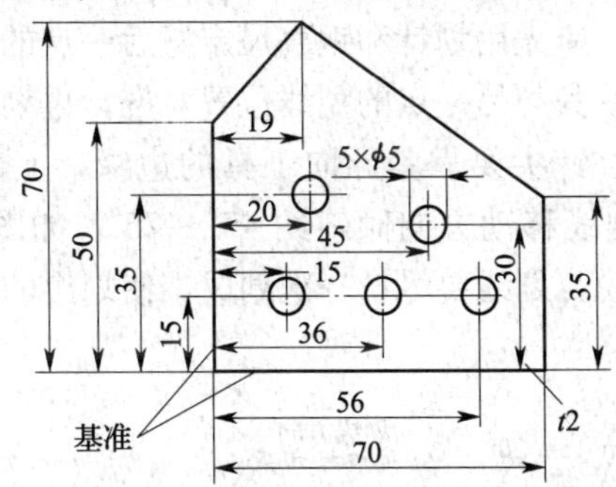

图 2—13　以两个相互垂直的平面（或线）为基准

（2）以两条相互垂直的中心线为基准。如图 2—14 所示，此零件上两个方向的尺寸相对其中心线具有对称性，并且其他尺寸也从中心线起开始标注，此时这两条中心线就分别是这两个方向的划线基准。

（3）以一个平面和一条中心线为基准。如图 2—15 所示，该

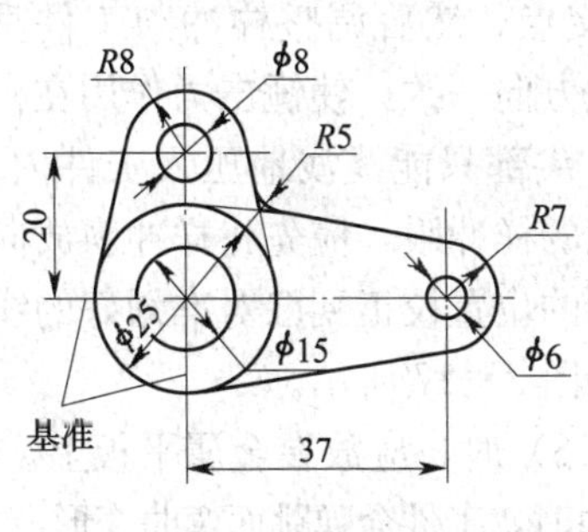

图 2—14　以两条相互垂直的中心线为基准

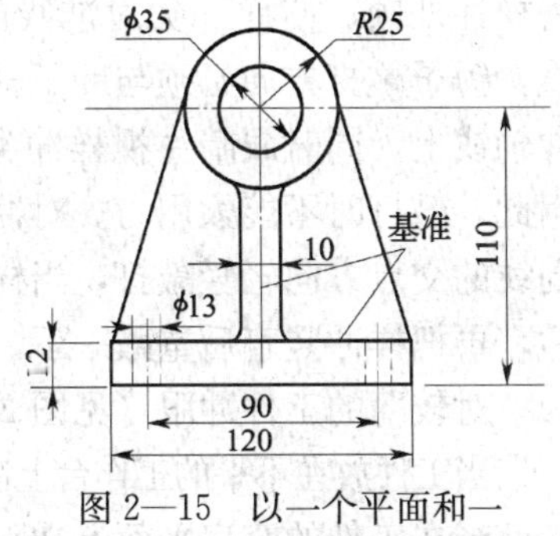

图 2—15　以一个平面和一条中心线为基准

工件上高度方向的尺寸是以底面为依据，此底面就是高度方向的划线基准。而宽度方向的尺寸与中心线对称，所以中心线就是宽度方向的划线基准。

4. 划针的使用方法

就像握铅笔那样轻轻地握住划针，在用钢直尺和划针划连接两点的直线时，应先用划针和钢直尺定好后一点的划针位置，然后调整钢直尺使其与另一点的划线位置对准，再划出两点的连接直线。划线时，针尖要靠紧导向工具的边缘，上部向外侧倾斜15°～20°，向划线移动方向倾斜约45°～75°，如图2—16所示。针尖要保持尖锐，划线要尽量一次划成，使划出的线条既清晰又准确。

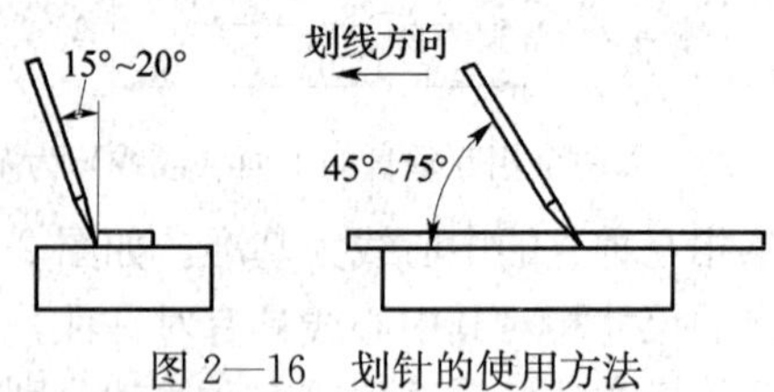

图2—16　划针的使用方法

5. 划线后冲眼的方法

打样冲眼时工件放在钢制垫铁上。用全部手指握住样冲，先将样冲外倾，使样冲尖对准线的交点。然后调整样冲与工件垂直，锤子敲打方向必须与冲子轴线方向一致，使锤击力作用在样冲轴线上，同时眼睛注视样冲尖。尖部只能浅浅地压入工件内。因此，敲打时不能太用力。对冲歪的样冲眼，应先将样冲斜放向划线的交点方向轻轻敲打，当样冲的位置校正到已对准划好的线后，再把样冲竖直后重敲一下，如图2—17所示。

对较薄的工件冲眼（见图2—18）时，应放在金属平板上。

当工件放在不平的工作台上冲眼时，工件会弹跳而弯曲变形。

当在工件的窄扁平面上冲眼时，需将工件夹持在台虎钳上再冲眼。

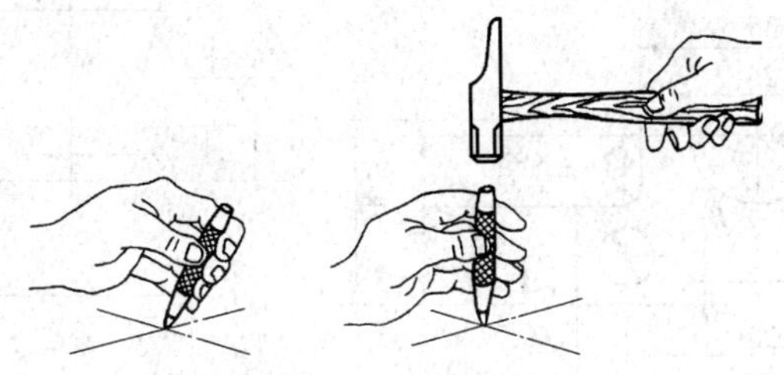

图 2—17　冲眼的方法

若将工件安放在两平行垫块上，则因安放不稳，容易冲歪。

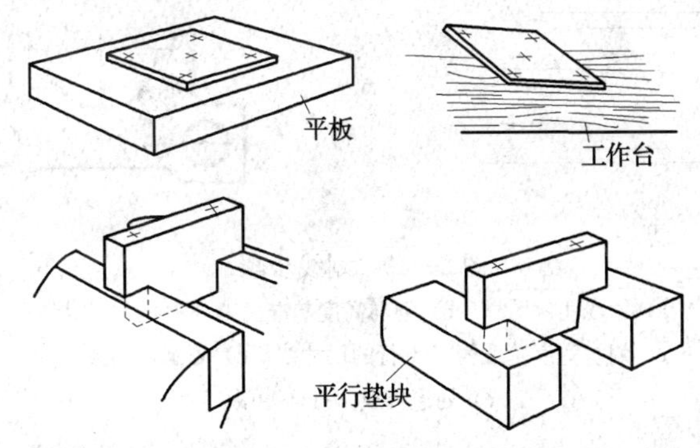

图 2—18　较薄的工件冲眼

三、划线实例

按图 2—19 所示，对工件进行划线。

1. 划线步骤

（1）在划线前，对工件表面进行清理，并涂上涂料。

（2）检查待划工件是否有足够的加工余量。

（3）分析图样，根据工艺要求，明确划线位置，确定基准（高度方向为 A 面，宽度方向为中心线 B），如图 2—19a 所示。

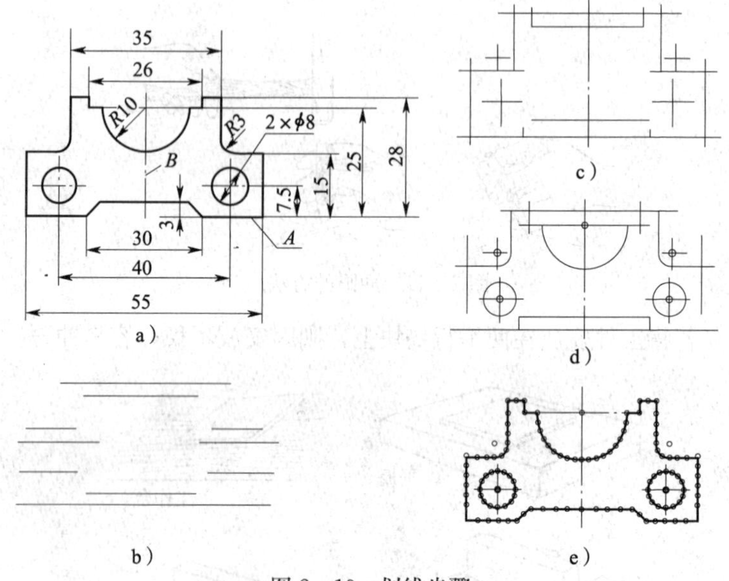

图 2—19 划线步骤

a）划线实例图样 b）划与高度基准面 A 平行的尺寸线

c）划与宽度基准线 B 平行的尺寸线 d）划圆及圆弧线

e）划连接线，打样冲眼

（4）确定待划图样位置，划出高度基准面 A 的位置线，如图 2—19b 所示，并相继划出其他要素的高度位置线（即平行于基准面 A 的线，仅划交点附近的线条）。

（5）划出宽度基准线 B 的位置线，同时划出其他要素的宽度位置线，如图 2—19c 所示。

（6）用样冲打出各圆心的冲孔，并划出各圆和圆弧，如图 2—19d 所示。

（7）划出各处的连接线，完成工件的划线工作。

（8）检查图样各方向划线基准选择的合理性，各部尺寸的正确性。线条是否清晰，有无遗漏和错误。

（9）打样冲眼，显示各部尺寸及轮廓，如图 2—19e 所示，工件划线结束。

2. 注意事项

(1) 为熟悉图形的作图方法，实际操作前可作一次纸上练习。

(2) 划线工具的使用方法及划线动作必须正确掌握。

(3) 保证划线尺寸的准确性，划出的线条细且清楚。保证打样冲眼的准确性。

(4) 工具要合理放置。

(5) 任何工件在划线后，都必须作一次仔细的复检校对工作，避免误差。

模块二　立体划线

一、训练目标

1. 能利用 V 形架、千斤顶和 90°角尺等在划线平台上正确安放、找正工件。

2. 在划线中，能对有缺陷的毛坯进行合理的借料。

3. 划线操作方法正确，划线线条清晰、尺寸准确、冲点分布合理。

二、相关知识

1. 立体划线常用工具

(1) 方箱。方箱是用灰铸铁制成的空心立方体或长方体，其相对平面互相平行，相邻平面互相垂直。方箱用于夹持工件并能翻转位置而划出垂直线，一般附有夹持装置和制有 V 形槽，如图 2—20 所示。方箱上的 V 形槽平行于相应的平面，是装夹圆柱形工件用的。划线时，可用 C

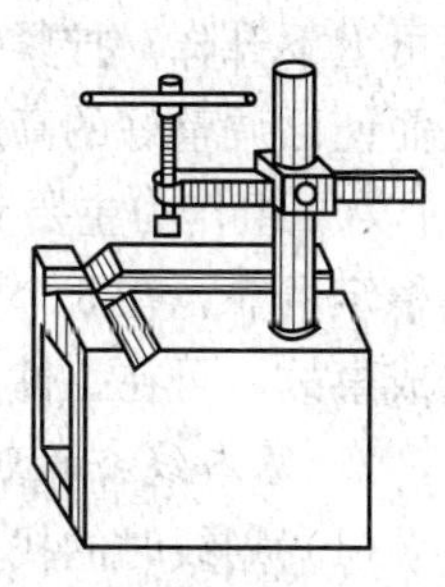

图 2—20　方箱

形夹头将工件夹于方箱上，再通过翻转方箱，便可在一次安装情况下，将工件上互相垂直的线全部划出来。

(2) V 形架。用来安放圆形工件的工具，如轴类、套筒类，如图 2—21 所示。圆形工件安置在 V 形架的槽内，其轴线平行于平面，这样就便于用划线盘或高度游标卡尺找出中心或划出中心线，以及完成其他划线工作。V 形架一般用铸铁制成。V 形架应成对加工，制成相同尺寸，避免因 2 个 V 形架尺寸不同而引起误差。

(3) 千斤顶。图 2—22 所示为千斤顶的结构，它是用来支撑毛坯或不规则工件进行立体划线的，可以调整工件高度。

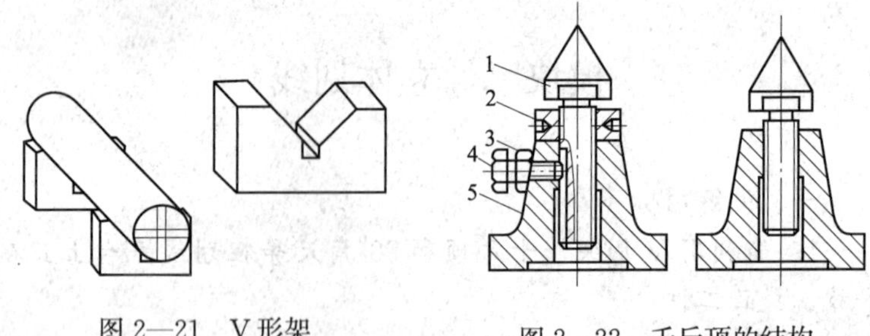

图 2—21　V 形架

图 2—22　千斤顶的结构
1—螺杆　2—螺母　3—锁紧螺母
4—螺钉　5—底座

千斤顶由底座 5、螺杆 1、螺母 2、锁紧螺母 3 等组成，螺杆可上下升降。拧紧锁紧螺母，可以防止已调好的千斤顶松动，从而使已调整好的高度不发生变动。使用千斤顶支撑工件时，以 3 个为一组作为主要支撑。对被支撑面或体积较大的工件，为使其稳定可靠，在 3 个千斤顶之间，应另设支撑。为防止工件滑倒造成事故，可在工件下面加垫块等安全措施。

2. 基本线条的划法

(1) 划线时的找正。对于毛坯工件，划线前一般要先做好找正工作。找正时应注意：

1）当毛坯上有与加工表面有关的不加工表面时，以此不加工表面作为找正依据进行划线，从而使加工表面与不加工表面之间保持尺寸均匀。如图 2—23 所示的轴承座毛坯，由于内孔和外圆不同心，底面和上平面 A 不平行，在划内孔加工线之前，应先以外圆为找正依据，用单脚规找出其中心，然后按求出的中心划出内孔的加工线，这样内孔与外圆就可达到同心要求。在划轴承座底面之前，同样应以上平面（不加工表面 A）为依据，用划线盘找正成水平位置，然后划出底面加工线。这样底座各处的厚度就比较均匀。

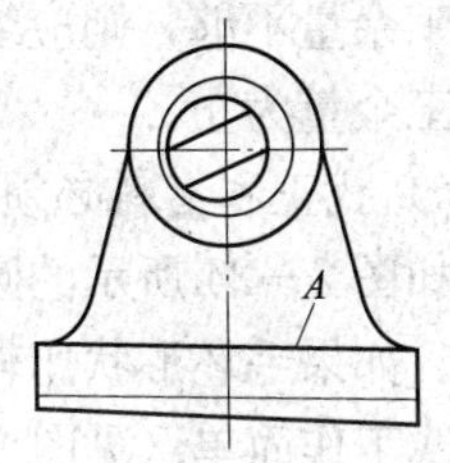

图 2—23　轴承座毛坯的找正

2）当工件上有 2 个及 2 个以上与加工表面有关的不加工表面时，应选择其中面积最大、最重要的或外观质量要求高的不加工表面为主要找正依据，并兼顾其他次要的不加工表面。使划线后的加工表面与不加工表面之间的尺寸都尽量均匀和符合要求，而把无法弥补的误差反映到较次要的或不甚显眼的部位上去。

3）当毛坯上没有不加工表面时，可以通过对各加工表面自身位置的找正，尽量合理和均匀分布各加工表面的加工余量，然后再划线。

（2）划线时的借料。毛坯缺陷在找正划线无法纠正时，通常会采用借料来解决。

借料划线的步骤：

1）测量毛坯件的各部分尺寸，找出偏移部位及偏移量。

2）根据毛坯偏移量对照各表面加工余量，分析此毛坯划线是否划得出，如确定划得出，则应确定借料的方向及尺寸，划出基准线。

3）按图样要求，以基准线为依据，划出其余所有的线。

4）复查各加工表面的加工余量是否合理，如发现还有的表面加工余量不够，则应继续借料重新划线，直至各表面都有合适的加工余量为止。

5）找正和借料必须相互兼顾，使各方面都满足要求。

如图 2—24 所示的圆环是一个锻造毛坯，其内孔、外圆都要加工。如果毛坯形状比较准确，就可以按图样尺寸进行划线。此时划线工作简单（见图 2—24b）。现在因锻造圆环的内孔、外圆偏心较大，若按外圆找正划内孔加工线，则内孔有些地方的加工余量不够（见图 2—25a）；若按内孔找正划外圆加工线，则外圆有些地方的加工余量不够（见图 2—25b）。只有在内孔和外圆都兼顾的情况下，将圆心选在锻造内孔圆心和外圆圆心之间的一个适当的位置，才能使内孔和外圆都保证有足够的加工余量（见图 2—25c）。这就说明通过借料划线，能很好地利用有误差的毛坯。但是，当误差太大时就无法补救了。

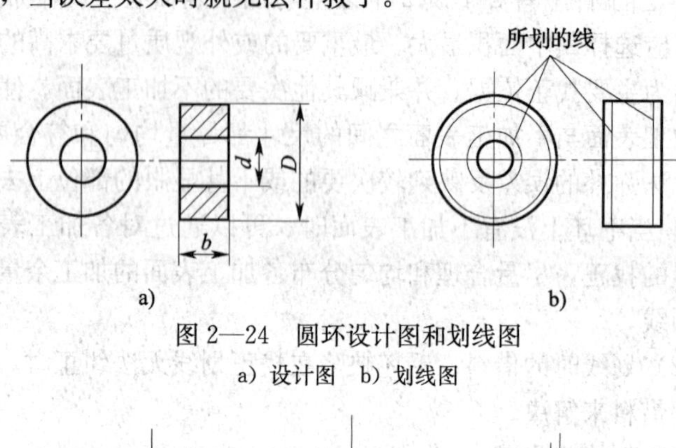

图 2—24　圆环设计图和划线图

a）设计图　b）划线图

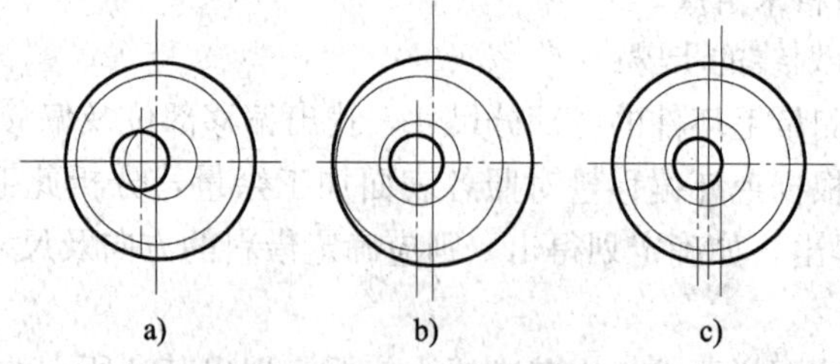

图 2—25　圆环的借料划线

a）按外圆找正内孔　b）按内孔找正外圆　c）兼顾内孔、外圆找正

(3) 划线时工件的放置与找正基准的确定方法。确定工件安放基准时，要保证工件安放平稳、可靠，并使工件的主要线条与平台平行。为使工件在平台上处于正确位置，必须确定好找正基准。一般原则如下：

1）选择工件上与加工部位有关，而且比较直观的面（如凸台、对称中心和非加工的自由表面等）作为找正基准，使非加工面与加工面之间厚度均匀，并使其形状误差反映在次要部位或不显著部位。

2）选择有装配关系的非加工部位作为找正基准，以保证工件经划线和加工后，能顺利进行装配。

3）在多数情况下，必须有一个与划线平台垂直（或成角度）的找正基准，以保证该位置上的非加工面与加工面之间的厚度均匀。

3. 划线步骤的确定

(1) 应与图样所用基准（设计基准）一致，以便能直接量取划线尺寸，避免因尺寸间的换算而增加划线误差。

(2) 以精度高的和加工余量少的表面作为尺寸基准，以保证主要表面的顺利加工和便于安排其他表面的加工位置。

(3) 当毛坯在尺寸、形状和位置上存在误差和缺陷时，可将所选的尺寸基准位置进行必要的调整——借料划线，使各加工面都有必要的加工余量，并使其误差和缺陷能在加工后排除。

三、划线实例

根据外齿轮套（见图 2—26）进行立体划线的练习。

1. 立体划线步骤

(1) 划线前先将划线基准即通过某轮齿中心的槽中心平面（见图 2—26 中Ⅰ—Ⅰ平面）调整到水平位置。方法是：在某一齿槽中嵌入一根直径为 d 的圆柱（此圆柱要与渐开线齿形相切，见图 2—27）。把高度游标尺调整到 $\left(H+\dfrac{d}{2}\right)$（$H$ 为分度头中心

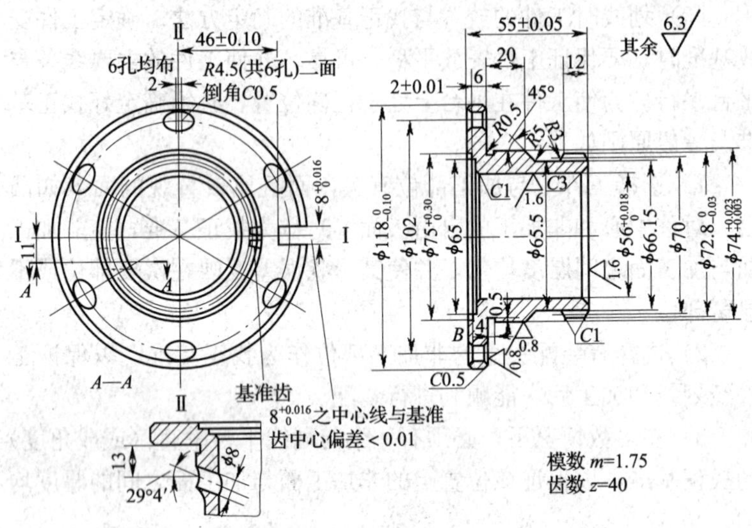

图 2—26　外齿轮套

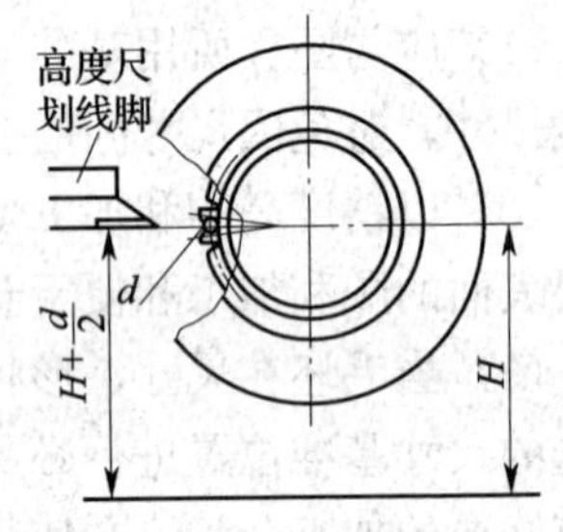

图 2—27　外齿轮套划线基准面调整到水平位置的方法

高)，使夹在齿槽中的圆柱与高度游标尺划线面相贴，这时齿槽中心平面在水平位置，然后将分度头转动$\frac{1}{2}\left(\frac{360^{\circ}}{z}\right)$圈。现齿轮齿数 $z=40$，即转动 4°30′，则通过某轮齿中心的槽的中心平面Ⅰ—Ⅰ正好在水平位置。记住分度头刻度上所指角度。

(2) 将高度游标尺调节到 H 高度划中心线（见图 2—28a），然后调节到（$H+4$）和（$H-4$）划槽宽线，调节到（$H-11$）划斜孔中心位置线。

(3) 将分度头转过 90°，槽转到上面位置（见图 2—28b），记住分度头刻度所指角度 θ；再将高度游标尺调节到 H，划Ⅱ—Ⅱ线（见图 2—26、图 2—28b）。将高度游标尺调节到（$H+$

46)，划出槽底线。这时，方槽已划完。

(4) 长圆孔两圆弧中心偏离中心平面各 1 mm（见图 2—26、图 2—28a)，化成角度 $\alpha=\frac{1}{51}\times57.3°=1.12°$（长圆孔中心圆直径为 102 mm，半径为 51 mm，$\frac{1}{51}$的单位是弧度，1 弧度等于 57.3°)。

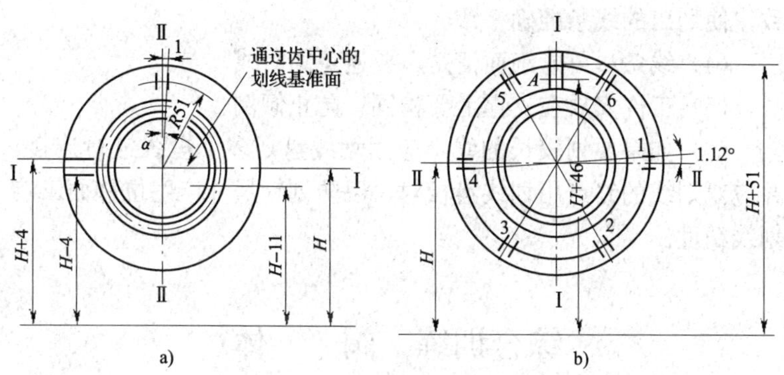

图 2—28　外齿轮套划线示意图

a) 齿中心平面在水平位置　b) 转过 90°以后的情况

将高度游标尺仍调节到 H，扭转分度头到（$\theta+1.12°$)、（$\theta-1.12°$）位置划出 1、4 长圆孔中心线。再转分度头至（$\theta+60°+1.12°$)、（$\theta+60°-1.12°$）划出 3、6 长圆孔中心线。继续转分度头到（$\theta+120°+1.12°$)、（$\theta+120°-1.12°$）位置划出 2、5 长圆孔中心线。然后把高度游标尺调节到（$H+51$)，把划线尺尖对准 A 点（见图 2—28b)，转动分度头划出 ϕ120 mm 圆周。至此，6 个长圆孔中心线已划好。

(5) 把工件从分度头上取下，将 B 面（见图 2—26）放在划线平台上，将高度游标尺调节到 21 mm（2＋6＋13＝21)，划出斜孔中心线，与第 2 步（$H-11$）线的交点即是斜孔中心。

(6) 在孔中心打上样冲眼，划出长圆孔，在所有加工界限线和中心线上分别打出大小不同的样冲眼。

（7）经检查准确无误后，划线工作才算完成。

2. 注意事项

（1）必须全面、仔细地考虑工件在平台上的摆放位置、找正方法及正确确定尺寸基准线的位置，这是保证划线准确的重要环节。

（2）用划线盘划线时，划针伸出量应尽可能短，并要牢固夹紧。

（3）划线时，划线盘要紧贴平台平面移动，划线压力要一致，使划出的线条准确一致。

（4）线条尽可能细而清楚，要避免划重线。

（5）工件安放在支撑上要稳固，防止倾倒。

（6）如果要划较长的线，应用划线盘划多个短线进行连接，并应对划线的终点用划线盘校对，以防划针尺寸产生位移而影响划线精度。

综合训练　阀　　体

一、训练目标

1. 能利用V形架、千斤顶和90°角尺等在划线平台上正确安放、找正工件。

2. 能合理确定工件的找正基准和尺寸基准，并进行立体划线。

3. 在划线中，能对有缺陷的毛坯进行合理的借料。

4. 划线操作方法正确，划线线条清晰，尺寸准确，样冲点分布合理。

二、操作技术要点

1. 用划线盘划线时，划针伸出量应尽可能短，并要牢固夹紧。

2. 划线时，划线盘要紧贴平台平面移动，划线压力要一致，使划出的线条准确。

3. 线条尽可能细而清楚，要避免划重线。

三、工具、量具和辅助工具

方箱、90°角尺、千斤顶、钢直尺、游标高度千分尺、划针、涂料。

四、操作步骤

1. 根据图样分析工件形体结构、加工要求以及划线各尺寸的关系，明确划线内容和要求。

2. 清理工件，去除铸件上的浇冒口、批缝及表面粘砂等。

3. 工件涂色，并在毛坯孔中装上中心塞块。

4. 第一位置划线如图 2—29a 所示。以 A 面为工件的安放基准，用 3 只千斤顶支撑将工件置于平台上。取 $2\times R11$ mm 毛坯对称中心及 C 面、B 面的对称平面作正基准，并以厚度尺寸 14 mm 的非加工面作参考，使前者与平台平面垂直，后者与平台平面平行，当两者误差较大时，应将误差按外观要求作适当分配。尺寸基准线取 $\phi32$ mm 孔的中心线Ⅰ—Ⅰ，试划相距尺寸为 70 mm 的底面线及中心距尺寸为 35 mm 的 $\phi22$ mm 孔中心线，以确定是否有足够的加工余量，否则应作适当借料，然后划出Ⅰ—Ⅰ平行线、底平面线（基准平面）以及 $\phi22$ mm 孔中心线。

5. 第二位置划线如图 2—29b 所示。按图 2—29b 位置放置，找正基准取Ⅰ—Ⅰ线及 C 面、B 面的对称平面，并以 $2\times R9$ mm 毛坯对称中心线作参考，使其与平台平面垂直，当有误差时，应作适当分配。尺寸基准取毛坯对称中心平面Ⅱ—Ⅱ，并首先划出，再以 58/2＝29 mm、60/2＝30 mm 的尺寸划山 2×M8 螺孔及 $2\times\phi11$ mm 孔中心线。

6. 第三位置划线如图 2 29c 所示。按图 2—29c 位置放置，找正基准取Ⅰ—Ⅰ线和Ⅱ—Ⅱ线，并使其与平台平面垂直。尺寸基准取 $2\times R9$ mm 毛坯对称中心线Ⅲ—Ⅲ，试划相距尺寸为 23 mm的 C 面线及与 C 面相距尺寸为 50 mm 的 B 面线，以确定是否有足够的加工余量，否则应作适当借料，然后划出Ⅲ—Ⅲ平面线、C 面与 B 面的平面线。

7. 复查校核，划出各孔弧线后再打上检查样冲点。

五、工件图样

如图 2—29 所示，完成阀体的划线。

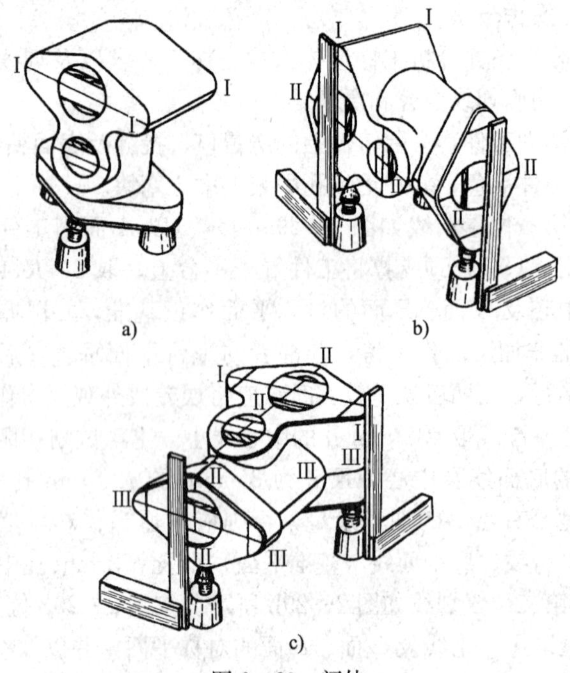

图 2—29 阀体

a）第一位置划线 b）第二位置划线 c）第三位置划线

六、注意事项

1. 必须全面、仔细地考虑工件在平台上的摆放位置、找正方法及正确确定尺寸基准线的位置，这是保证划线准确的重要环节。

2. 工件安放在支撑上要稳固，防止倾倒。

3. 划较长的线时，应用划线盘划多个短线进行连接，并应对划线的终点用划线盘校核，以防划针尺寸产生位移而影响划线精度。

第三单元　锉　　削

模块一　锉削姿势

一、训练目标

1. 掌握平面锉削时的站立姿势和动作。

2. 掌握锉削时两手用力的方法。

二、相关知识

锉削姿势正确与否，对锉削质量、锉刀的运用和发挥以及对操作时的疲劳程度都起着决定作用，必须正确掌握。要从握锉、站立步位和姿势动作以及操作用力这几方面反复练习，达到协调一致。

1. 锉刀握法

正确握锉刀有助于提高锉削质量。锉刀的种类较多，所以锉刀的握法还必须随着锉刀的大小、使用的地方不同而改变。较大锉刀的握法如图 3—1 所示。其握法是用右手握着锉刀柄，柄端顶住拇指根部的手掌，拇指放在锉刀柄上，其余手指由下而上地握着锉刀柄，如图 3—1a 所示。左手在锉刀上的放法有 3 种，如图 3—1b 所示。两手结合起来握锉姿势如图 3—1c 所示。中、小型锉刀的握法如图 3—2 所示。握持中型锉刀时，右手的握法与握大锉刀一样，左手只需大拇指和食指轻轻地扶导，如图 3—2a 所示。在使用较小锉刀时，为了避免锉刀弯曲，用左手的几个手指压在锉刀的中部，如图 3—2b 所示。使用最小锉刀时只用一只右手握住锉刀，食指放在上面，如图 3—2c 所示。

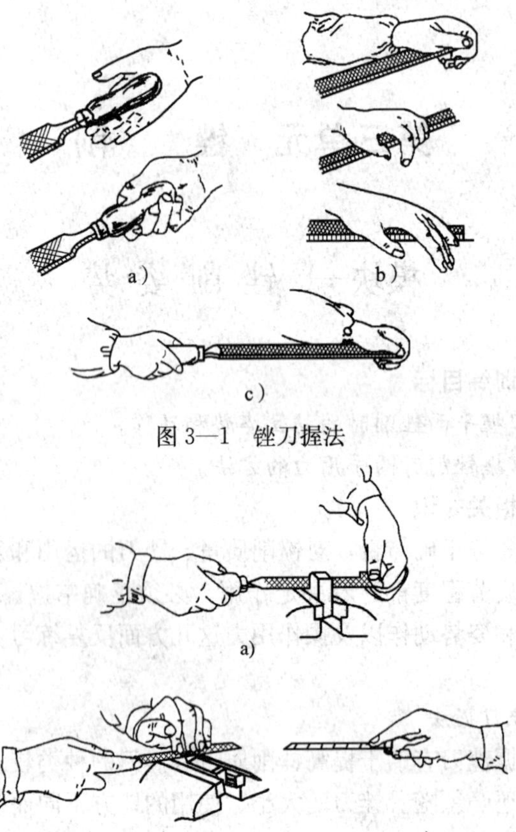

图 3—1　锉刀握法

a)
b)
c)

图 3—2　中、小型锉刀的握法

2. 姿势动作

锉削时的站立步位和姿势及锉削动作如图 3—3、图 3—4 所示。两手握住锉刀放在工件上面，左臂弯曲，手腕与工件锉削面的左右方向保持基本平行，右小臂要与工件锉削面的前后方向保持基本平行，但要自然；身体的重心落在左脚上，右膝要伸直，脚始终站稳不可移动，靠左膝的屈伸而作往复运动。开始锉削时，身体要向前倾斜 10°左右，右肘尽可能缩到后方；当锉刀推出 1/3 行程时，身体前倾到 15°左右，使左膝稍弯曲；锉刀推出 2/3 行程时，身体前倾 18°左右，左右臂向前伸出；锉刀推出全程时，身体随着锉刀的反作用力退回到 15°位置。行程结束后，把锉刀略提高，使手和身体回到初始位置。

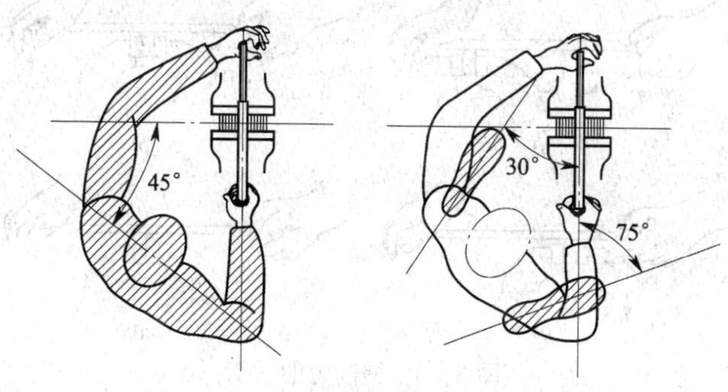

图 3—3　站立姿势和步位

图 3—4　锉削动作

3. 锉削时两手的用力和锉削速度

为了保证锉削表面平直，锉削时必须掌握好锉削力的平衡。锉削力由水平推力和垂直压力两者合成，推力主要由右手控制，压力由两手控制。锉削时由于锉刀两端伸出工件的长度随时都在变化。因此，两手对锉刀的压力大小也必须随着变化，图 3—5 所示为锉削力的平衡。开始锉削时，左手压力要大，右手压力要小而推力要大（见图 3—5a)。随着锉刀向前的推进，左手压力减小，右手压力增大。当锉刀推进至中间时，两手压力相同（见图 3—5b)。再继续推进锉刀时，左手压力逐渐减小，右手压力逐渐增加（见图 3—5c）。锉刀回程时不加压力以减小锉纹的磨损（见图 3—5d）。锉削时速度不宜太快，锉削速度一般应在 30～60 次/分，动作要自然协调。

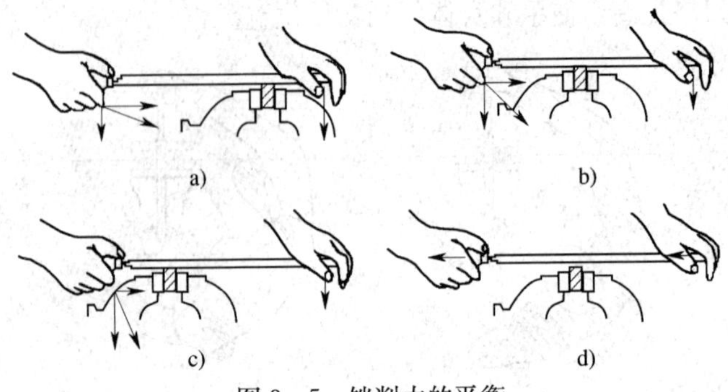

图 3—5　锉削力的平衡

4. **平面的锉法**

(1) 顺向锉（见图 3—6a）。锉刀运动方向与工件夹持方向始终一致，在锉宽平面时，为使整个加工表面能均匀地锉削，每次退回锉刀时，应再横向作适当的移动。顺向锉的锉纹整齐一致，比较美观，这是最基本的一种锉削方法。

(2) 交叉锉（见图 3—6b）。锉刀运动方向与工件夹持方向约成 45°，且锉纹交叉。由于锉刀与工件的接触面大，锉刀容易掌握平稳，同时，从锉痕上可以判断出锉削的高低情况。因此，容易把平面锉平。交叉锉法一般适用于粗锉，精锉时必须采用顺向锉，使锉痕变直，锉纹一致。

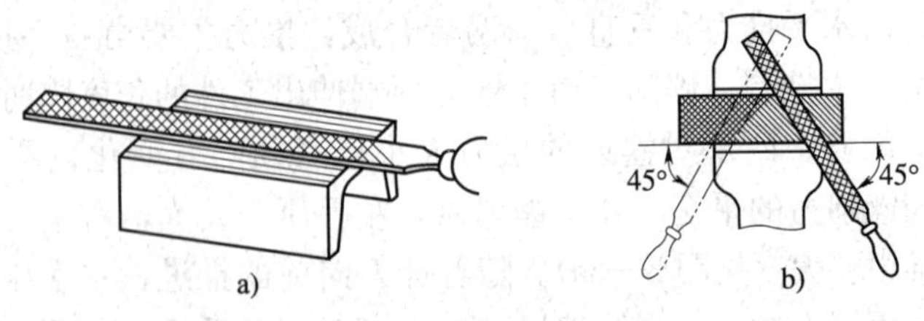

图 3—6　平面的锉法

a）顺向锉　b）交叉锉

(3) 推锉法（见图 3—7）。推锉法是用两手对称地横握锉刀，用大拇指推动锉刀顺着工件长度方向进行锉削。推锉法适用于锉削窄长平面和修整尺寸。

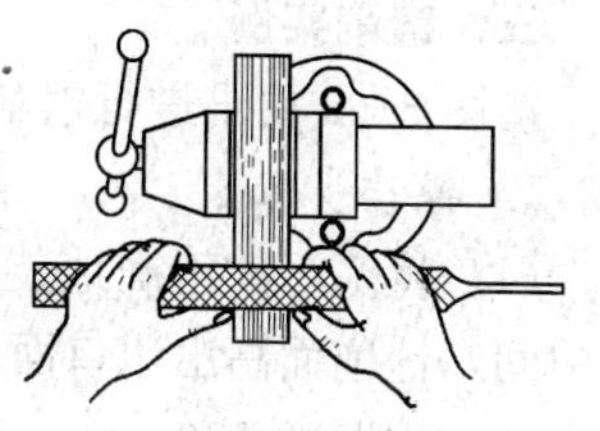

图 3—7　推锉法

锉削平面时，不管采用顺向锉还是交叉锉，当抽回锉刀时，锉刀要如图 3—8 所示，每次向旁边移动一些，这样可使整个加工面均匀地锉削。

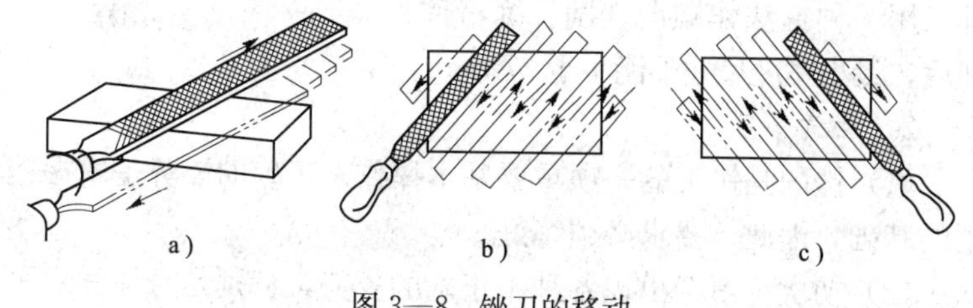

图 3—8　锉刀的移动

5. 锉刀的保养

(1) 新锉刀先使用一面，等用钝后再使用另一面。

(2) 在粗锉时，应充分使用锉刀的有效全长，避免局部磨损。

(3) 锉刀上不可沾油与沾水。

(4) 如锉屑嵌入齿缝内必须及时用钢丝刷清除。

(5) 不可锉毛坯的硬表皮及经过淬硬的工件，锉削铝、锡等软金属，应使用单齿纹锉刀。

(6) 铸件表面如有硬皮，则应先用旧锉刀或锉刀的有齿侧边锉去硬皮，然后再进行加工。

(7) 锉刀使用完毕时，必须清刷干净，以免生锈。

(8) 无论在使用过程中还是放入工具箱时，不可与其他工具或工件堆放在一起，也不可与其他锉刀互相重叠堆放，以免损坏锉齿。

三、锉削实例

按图 3—9 要求进行锉削。

1. 操作步骤

(1) 将练习件正确地装夹在台虎钳中间，锉削面高出钳口面 15 mm。

(2) 用旧的 300 mm (12 in) 粗板锉，在实习件凸起的台阶上作锉削姿势练习。开始采用慢动作练习，初步掌握后再以正常速度练习，要求全部采用一种握法作顺向锉削。练习件锉后，最小厚度尺寸不能小于 27 mm。

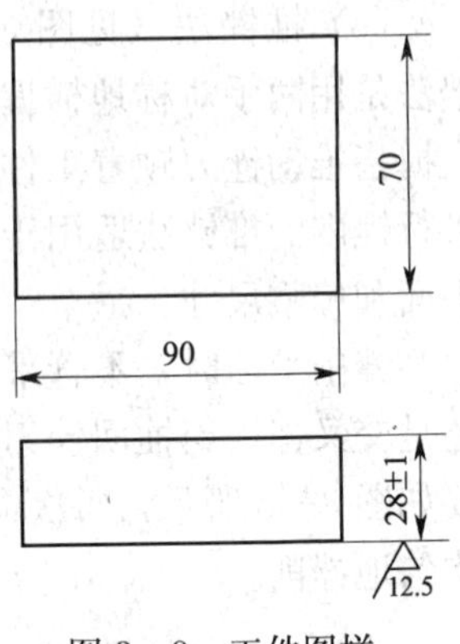

图 3—9 工件图样

2. 注意事项

(1) 锉削是钳工的一项重要基本操作。正确的姿势是掌握锉削的基础，因此，要求必须练好。

(2) 初次练习会出现各种不正确的姿势，特别是身体和双手动作不协调，要随时注意及时纠正，若让不正确的姿势成为习惯，纠正就困难了。

(3) 在练习姿势动作时，要注意掌握两手用力如何变化才能使锉刀在工件上保持平衡。

模块二 锉 削 平 面

一、训练目标

1. 继续练习正确的锉削姿势。
2. 懂得平面锉平的方法要领，并能形成锉平面的初步技能。
3. 掌握用刀口直尺（或钢直尺）检查平面的方法。

二、相关知识

1. 锉平平面的练习要领

用锉刀锉平平面是一种技能技巧，而技能技巧都必须通过反复、多样的刻苦练习才能形成。练习必须掌握要领，才会使技能技巧的形成加快。

（1）首先要掌握好正确的动作姿势。

（2）锉削力的正确和熟练运用，使锉削时保持锉刀的平衡运动。

（3）操作时注意力要集中，练习过程要用心体验。

（4）练习前了解几种平面锉不平的具体因素（见表 3—1），便于在练习中分析改进。

表 3—1　　平面锉不平的形式和原因

形式	产生的原因
平面中凸	①锉削时双手的用力不能使锉刀保持平衡 ②锉刀在开始推出时，右手压力太大，锉刀被压下，锉刀推到前面，左手力太大，锉刀被压下，前面、后面因多锉而形成中凸现象 ③锉削姿势不正确 ④锉刀本身中凹
对角扭曲或塌角	①左手或右手施加压力时，重心偏在锉刀的一侧 ②工件夹持不正确 ③锉刀本身扭曲
平面横向中凸或中凹	锉刀在锉削时左右移动不均匀

2. 长方体工件各边面的锉削顺序

锉削长方体工件各表面时，必须按照一定的顺序进行，才能方便、准确地达到规定的尺寸和相对位置精度要求。其一般原则如下：

（1）选择最大的平面作为基准面先锉平（达到规定的平面度

要求），使加工其他平面时有一个共同的依据。

（2）先锉大平面后锉小平面。以大面控制小面，能使测量准确，精度高。

（3）先锉平行面后锉垂直面，即在达到规定的平行度要求后，再加工相关面的垂直度。这样做是因为一方面便于控制尺寸，另一方面平行度比垂直度控制方便，同时在保证垂直度时，可以进行平行度、垂直度这两项误差的测量比较，减少累积误差。

3. 用外卡钳测量工件尺寸的方法

外卡钳是一种间接量具，用于测量尺寸时，必须先在工件上度量后，再在带读数的量具上进行比较，才能得出读数；或者先在带读数的量具上度量出必要的尺寸后，再去度量工件。用于测量平行面间的尺寸误差时，则直接用比较法得出。

（1）测量方法。测量手法如图 3—10 所示。当工件误差较大作粗测量时，可用透光法来判断其尺寸差值的大小（见图 3—10a），此时，外卡钳一卡脚测量面要始终抵住工件基准面，观察另一卡脚测量面与被测表面的透光情况；当工件误差较小作精测量时，要用感觉法（见图 3—10b），比较测量时的松紧感觉，来判断其尺寸大小和尺寸差值大小，此时，最好利用外卡钳的自重由上向下垂直测量，这样便于控制测量力。外卡钳测量面的开度尺寸，应保证在测量时能靠外卡钳自重通过工件，又有一定摩擦感。

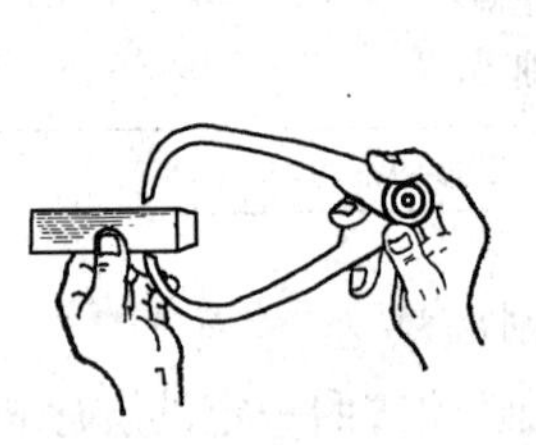

a)

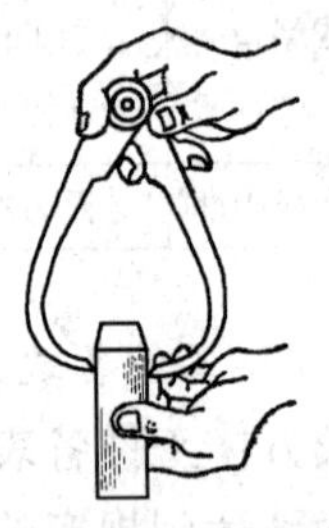

b)

图 3—10　外卡钳测量方法图

a）透光法　b）感觉法

测量时，两卡脚的测量面与工件的接触要正确（见图 3—11）。正确的方法是外卡钳测量面处于感觉最松的位置。

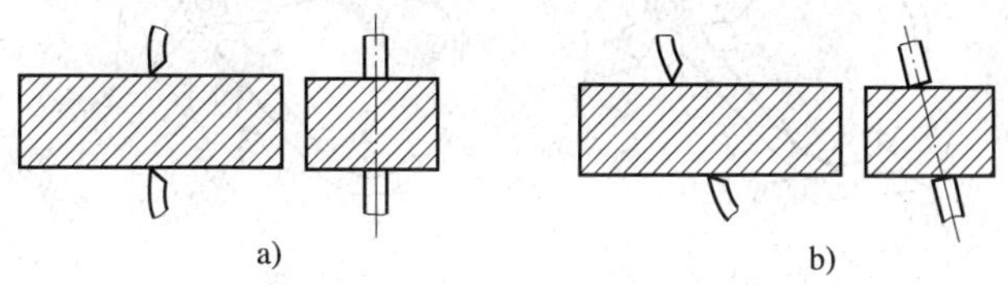

图 3—11 外卡钳测量面与工件的接触

a）正确 b）错误

（2）外卡钳两测量面间的尺寸调节。外卡钳在钢直尺上量取尺寸时（见图 3—12a），一个卡脚的测量面要紧靠钢直尺的端面，另一个卡脚的测量面调节到对准所取尺寸的刻线中间，且两测量面的连线应与钢直尺边平行，视线要垂直于钢直尺的刻线面。外卡钳在标准量块上量取尺寸时（见图 3—12b），应调节到使外卡钳能在稍有摩擦感觉的情况下通过。外卡钳开度大小的调节方法如图 3—13 所示，需要调小时，可在台虎钳上或其他金属上敲击外卡钳外侧，使其逐渐缩小；需要调大时，可在棒料上敲击外卡钳的内侧，使其逐渐张大。外卡钳量取好尺寸后，要放好，不要碰撞，以防尺寸发生变动。

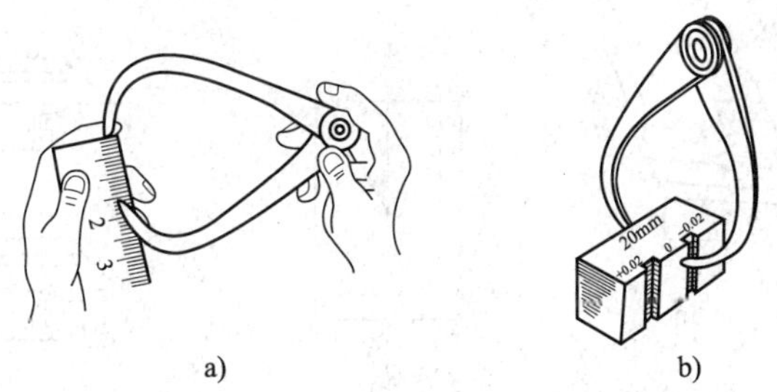

图 3—12 外卡钳测量尺寸的量取

a）在钢直尺上量取尺寸 b）在标准量块上量取尺寸

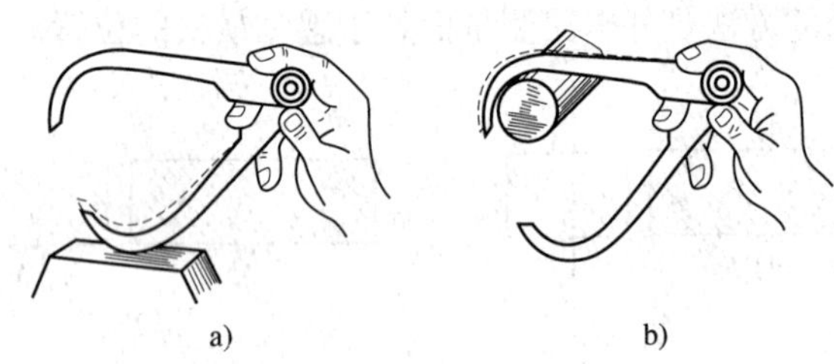

图 3—13　外卡钳测量开度大小的调节

a）缩小　b）张大

4. 检查平面度的方法

锉削工件时，由于锉削平面较小，其平面度通常都采用刀口形直尺（或钢直尺）通过透光法来检查（见图 3—14）。检查时，刀口形直尺应垂直放在工件表面上（见图 3—14a），并在加工面的纵向、横向、对角方向多处逐一进行（见图 3—14b）。如果刀口形直尺与工件平面度间透光微弱而均匀，说明该平面是平直的；如果透光强弱不一，说明该平面是不平的。平面度误差值的确定，可用塞尺作塞入检查。对于中凹平面，取各检查部位中的最大值；对于中凸平面，则应在两边以同样厚度的塞尺作塞入检查，并取各检查部位中的最大值（见图 3—14c）。

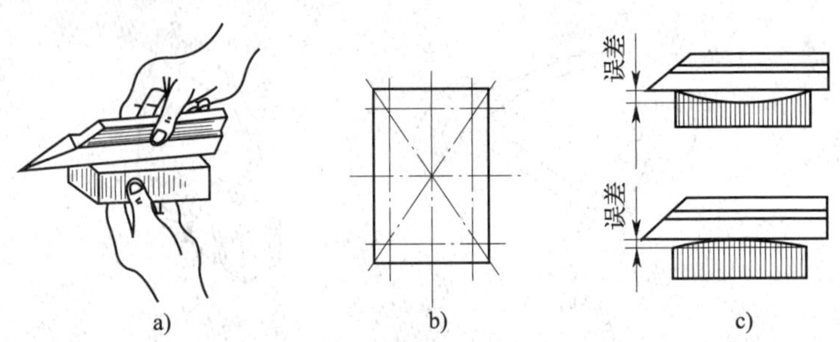

图 3—14　用刀口形直尺检查平面度

刀口形直尺在检查平面上改变位置时，不能在平面上拖动，应提起后再轻放到另一检查位置，否则刀口形直尺的边容易磨损而降低其精度。

5. 用 90°角尺或活动角尺检查工件垂直度的方法

用 90°角尺或活动角尺检查工件垂直度前，应先用锉刀将工件的锐边进行倒钝，检查时，要掌握以下几点：

（1）先将活动角尺尺座的测量面紧贴工件基准面，然后从上逐步轻轻向下移动，使活动角尺尺瞄的测量面与工件的被测表面接触（见图 3—15a），眼光平视观察其透光情况，以此来判断工件被测面与基准面是否垂直。检查时，活动角尺不可斜放（见图 3—15b），否则会得到不准确的检查结果。

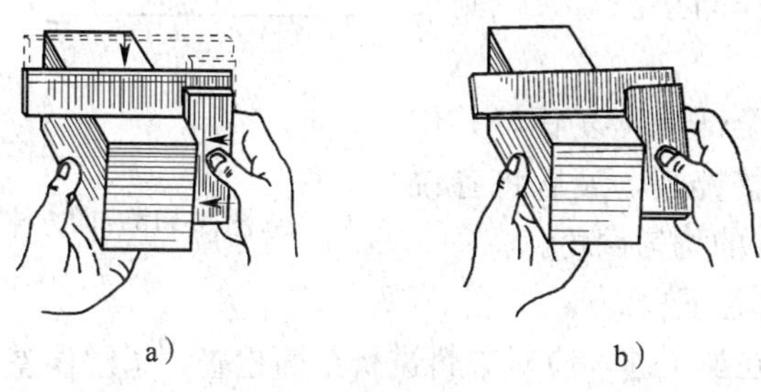

图 3—15　用 90°角尺检查工件垂直度
a）正确　b）错误

（2）在同一平面上改变不同的检查位置时，活动角尺不可以在工件表面上拖动，以免磨损后影响角尺本身精度。

（3）使用活动角尺时，因其本身无固定角度，而是在标准角度样板上定取，然后再检查工件。因此，在定取角度时应该很精确，使用时更要小心，以防角度变动。

（4）一般对工件的各锐边需倒角，如图样上注有 C0.5，表示倒去 0.5 mm 且与平面成 45°。如图样上不注有倒角时，一般可对锐边倒棱，即倒出 0.1～0.2 mm 的棱边。如果图样上注明不准倒角或不准倒棱时，则在锐边去毛刺即可。

三、锉削实例

锉削如图 3—16 所示的四方体，其操作如下：

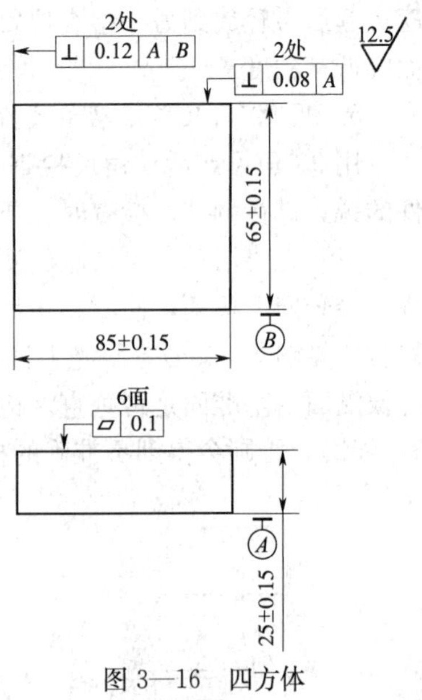

图 3—16　四方体

1. 操作步骤

(1) 锉削基准面 A，达到平面度要求（用 300 mm 粗板锉）。

(2) 按实习件各面的编号顺序，结合划线，依次对各面进行粗、精锉削加工，达到图样要求（用外卡钳在标准量块上度量后作间接测量，控制尺寸公差）。

(3) 全部精度复检，并作必要的修整锉削，最后将各锐边作 $C0.5$ 的均匀倒角。

2. 注意事项

(1) 在加工前，应对来料进行全面检查，了解误差及加工余量情况，然后进行加工。

(2) 加工平行面，必须在基准面达到平面度要求后进行；加工垂直面，必须在平面、平行面加工好以后进行，即必须在确保平面、平行面达到规定的平面度及尺寸精度要求的情况下才能进行，使在加工各相关面时具有准确的测量基准。

(3) 在检查垂直度时，要注意角尺从上向下移动的速度，压力不要太大，否则易造成尺座的测量面离开工件基准面，仅根据被测表面的透光情况就认为垂直正确了，实际上并没有达到正确的垂直度。

(4) 在接近加工要求或误差修正时，要全面考虑逐步进行，不要过急，以免造成平面的塌角、不平现象。

（5）工量具要放置在规定部位，使用时要轻拿轻放，用毕要擦净，要做到文明生产。

综合训练 凸 形 块

一、训练目标

1. 提高平面锉削技能，达到一定的锉削精度。

2. 掌握具有对称度要求的划线和工艺保证方法。

3. 掌握用细板锉进行锉削加工的方法。

二、操作技术要点

1. 加工凸形块时，先锯掉一侧长方块，待加工至所要求的尺寸公差后，才能锯掉另一侧长方块。

2. 在加工垂直面时，要防止锉刀侧面碰坏另一垂直侧面。因此，必须将锉刀一侧在砂轮上进行修磨，并使其与锉刀面间夹角略小于90°，刃磨后最好用油石磨光。

三、工具、量具和辅助工具

锯弓、钢直尺、宽座角尺、划针、三角锉、板锉、游标卡尺。

四、操作步骤

1. 划线锉凸形块，达到尺寸精度、垂直度、平面度、表面粗糙度的要求。

2. 以 A、D 两基准面作为划线基准，划出凸形块各平面加工线。

3. 按划线锯去凸形块的一侧垂直角，粗锉、细锉两垂直面。根据60 mm的实际尺寸，通过控制40 mm的尺寸误差值［本处应控制在（1/2）×60 mm的实际尺寸加（10±0.04）mm的范围内］，保证尺寸（20±0.04）mm的要求，同时又能保证其对称度在0.06 mm之内，直接达到尺寸要求（20±0.04）mm。

4. 锯去凸形块另一侧的垂直角，粗锉、细锉两垂直面，达到图样要求。

5. 将各棱边倒钝并复检尺寸精度。

五、工件图样

试完成如图 3—17 所示的凸形块的锉削工作。

其余 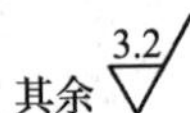

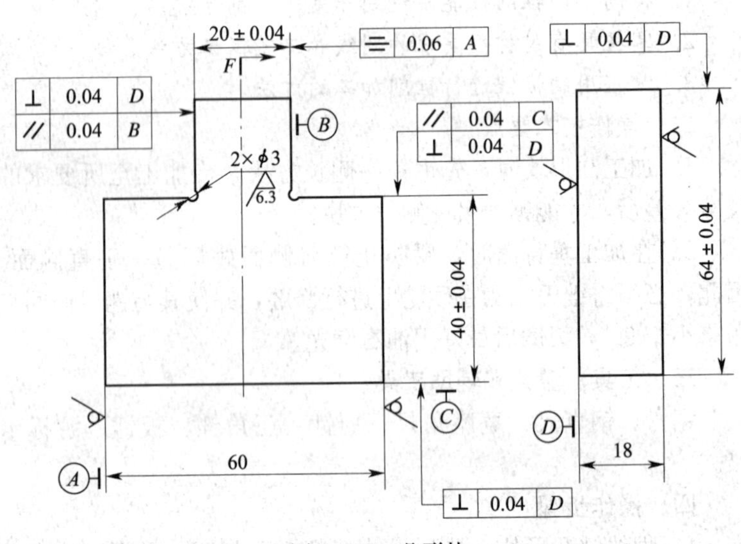

图 3—17 凸形块

六、注意事项

1. 在加工前，应对来料进行全面检查，了解误差及加工余量情况，然后进行加工。

2. 工件夹紧时，要在台虎钳上垫好软金属衬垫，避免工件端面被夹伤。

3. 加工平行面，必须在基准面达到平面度要求后进行；加工垂直面，必须在平行面加工好以后进行。

4. 在检查垂直度时，要注意角尺从上向下移动的速度，压力不要太大，否则易造成尺座的测量面离开工件基准面，仅根据被测表面的透光情况就认为垂直度正确了，实际上并没有达到正确的垂直度。

5. 工具和量具要放置在规定部位，使用时要轻拿轻放，用毕要擦净，要做到文明生产。

第四单元　锯　　削

一、训练目标

1. 能对各种材料进行正确的锯削，操作姿势正确，并能达到一定的锯削精度。

2. 能根据不同材料正确选用锯条，并能正确装夹。

3. 熟悉锯条折断的原因和防止方法，了解锯缝产生歪斜的几种因素。

4. 做到安全和文明操作。

二、相关知识

1. 手锯构造

手锯由锯弓和锯条构成，如图 4—1 所示。锯弓是用来安装锯条的，有可调式（见图 4—1a）和固定式（见图 4—1b）两种。

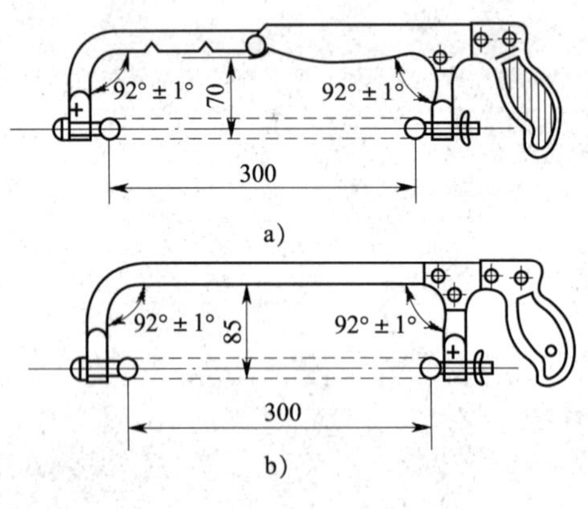

图 4—1　手锯构造

a）可调式　b）固定式

固定式锯弓为整体结构，只能安装一种规格的锯条。可调式锯弓分为两部分。因此，使用时可安装几种长度的锯条，并且可调式锯弓的锯柄形状便于用力，所以被广泛使用。

2. 锯条的正确选用

锯条是手锯的切削部分。锯削时正确选用锯条是锯削操作中不容忽视的问题，要做到合理选用锯条，必须先了解以下几点：

(1) 锯削时要达到较高的工作效率，同时使锯齿具有一定的强度。因此，切削部分必须具有足够的容屑槽以及保证锯齿较大的楔角。目前使用的锯条锯齿角度是前角为 0°、楔角为 50°、后角为 40°。锯齿角度如图 4—2 所示。

(2) 锯削时，锯入工件越深，锯缝两边对锯条的摩擦阻力越大，甚至把锯条咬住。制造时将锯条上的锯齿按一定规律左右错开排列成一定的形状称为锯路。锯路有交叉形、波浪形等。锯齿排列如图 4—3 所示。锯条有了锯路，使工件的锯缝宽度大于锯条背部的厚度，锯条便不会被锯缝咬住，减少锯条与锯缝的摩擦阻力，锯条不致摩擦过热而加快磨损。

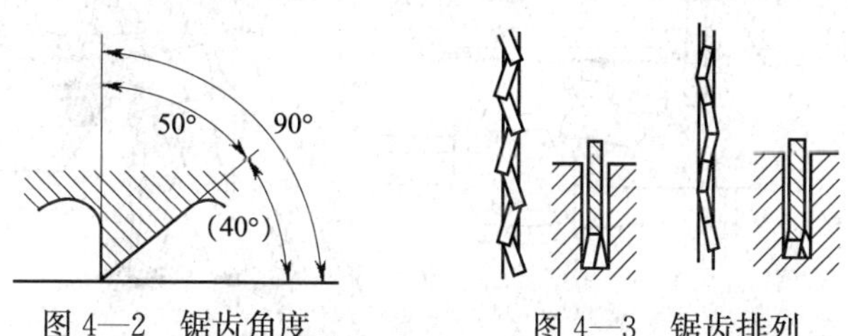

图 4—2 锯齿角度　　图 4—3 锯齿排列

(3) 锯齿粗细是用锯条上每 25 mm 长度内的齿数多少来表示的。目前有 14 齿、18 齿、24 齿和 32 齿等几种，分别为粗齿、中齿、细齿和极细齿，如图 4—4 所示。

锯削时锯齿的粗细应根据锯削材料的软硬和锯削面的厚薄来选择。粗齿锯条的容屑槽较大，适合锯削软材料和锯削面较大的工件。因为，此时每锯一次的切屑较多，粗齿的容屑槽大，就不致产生堵塞而影响切削效率。

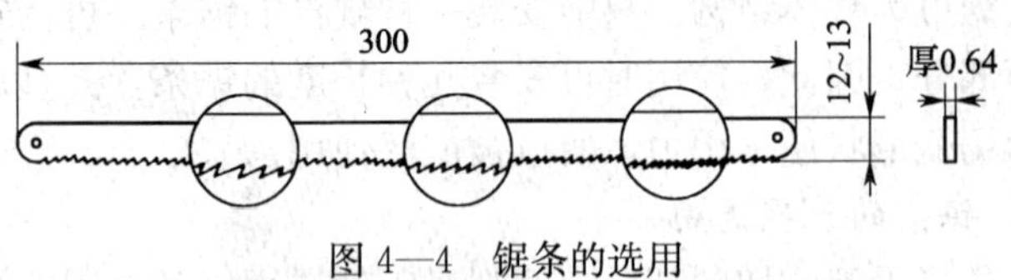

图 4—4 锯条的选用

细齿锯条适合锯削硬材料。硬材料不易锯入，每锯一次的切屑较少，不致堵塞容屑槽。选用细齿锯条可使同时参加切削的齿数增加，从而使每齿的切削量减少，材料容易被切除，锯削比较省力，锯齿也不易磨损。

锯削面较小（薄）的工件，如锯割管子和薄板时必须选用细齿锯条，否则锯齿很容易被钩住以致崩齿。

3. 手锯握法和锯削姿势、压力及速度

（1）握法。右手满握锯柄，左手轻扶在锯弓前端，如图 4—5 所示。

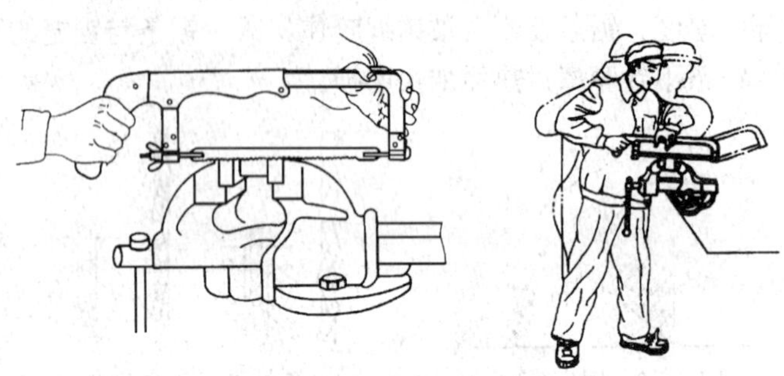

图 4—5 手锯的握法

（2）姿势。锯削时的站立步位和姿势及锯削动作如图 4—6 所示。两手握住锯弓放在工件上面，左臂弯曲，小臂与工件锯削面的左右方向保持基本平行，右小臂要与工件锯削面的前后方向保持基本平行，但要自然；锯削行程中，身体应与锯弓一起向前，右脚伸直并稍向前倾，重心在左脚，左膝部呈弯曲状态；锯弓回程，当锯弓锯至 3/4 行程时，身体停止前进，两臂则继续将锯弓向前锯到头，同时，左腿自然伸直并随着锯削时的反作用力，将身体重心后移，使身体恢复原位，并顺势将锯弓收回；当锯弓收回将近结束，身体又开始前倾，作第二次锯削的向前运动。

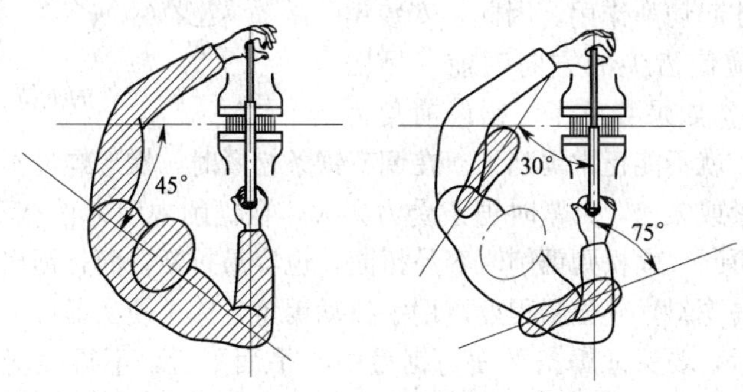

图 4—6 锯削时的站立步位和姿势

（3）压力。锯削运动时，推力和压力由右手控制，左手主要配合右手扶正锯弓，压力不要过大。手锯推出时为切削行程，应施加压力，返回行程不切削，不加压力作自然拉回。工件将断时压力要小。

（4）运动和速度。锯削运动一般采用小幅度的上下摆动式运动。手锯推进时，身体略向前倾，双手随着压向手锯的同时，左手上翘右手下压，回程时右手上抬，左手自然跟回。对锯缝底面要求平直的锯削，必须采用直线运动。锯削运动的速度一般为40 次/min 左右，锯削硬材料慢些，锯削软材料快些，同时锯削行程应保持均匀，返回行程的速度应相对快些。

4. 锯削操作方法

（1）工件的夹持。工件一般应夹在台虎钳的左面，以便操作。工件伸出钳口不应过长，应使锯缝离开钳口侧面20 mm左右，防止工件在锯削时产生振动；锯缝线条与钳口侧面保持平行（使锯缝与铅垂线方向一致），便于控制锯缝不偏离划线线条；

夹紧要牢靠，同时要避免将工件夹变形和夹坏已加工面，如图 4—7 所示。

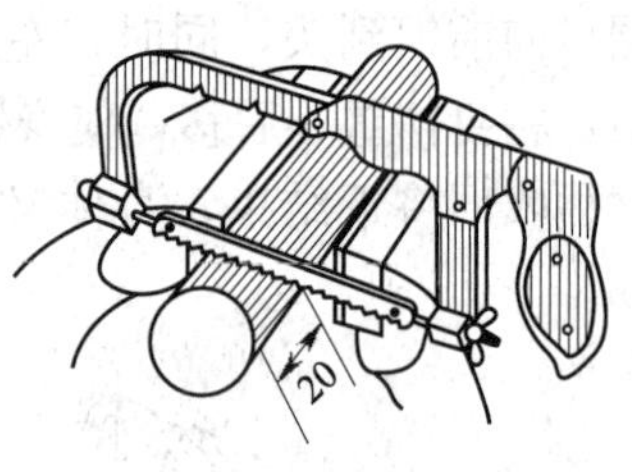

图 4—7 工件的夹持

(2) 锯条的安装。手锯是在前推时才起切削作用。因此，安装锯条时应使齿尖的方向朝前（见图 4—8)，如果装反了，锯齿前角为负值，就不能正常锯削了。在调节锯条松紧时，蝶形螺母不宜旋得太紧或太松，太紧时锯条受力太大，在锯削中用力稍有不当，就会折断；太松则锯削时容易扭曲，也容易折断，而且锯出的锯缝容易歪斜，其松紧程度以用手扳动锯条，感觉硬实即可。锯条安装后，要保证锯条平面与锯弓中心平面平行，不得倾斜和扭曲。否则，锯削时锯缝极易歪斜。

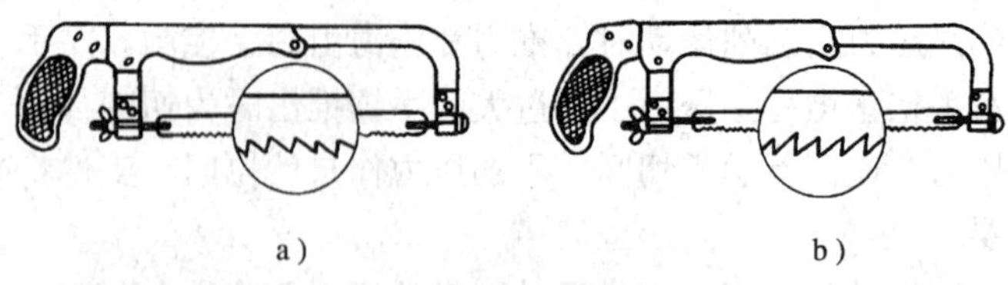

图 4—8 锯条的安装
a) 正确 b) 错误

(3) 起锯方法。起锯是锯削工作的开始，起锯质量的好坏，直接影响锯削质量。如果起锯不当，一是常出现锯条跳出锯缝将工件拉毛或者引起锯齿崩裂；二是起锯后的锯缝与划线位置不一致，将使锯削尺寸出现较大偏差。起锯有远起锯（见图 4—9a）和近起锯（见图 4—9c）两种。起锯时，左手靠住锯条，使锯条能正确地锯在所需要的位置上，行程要短，压力要小，速度要慢。起锯角度 α 约在 15°。如果起锯角太大，则起锯不易平稳，尤其是近起锯时锯齿会被工件棱边卡住引起崩裂（见图 4—9b）；起锯角也不宜太小，否则，由于锯齿与工件同时接触的齿数较多，

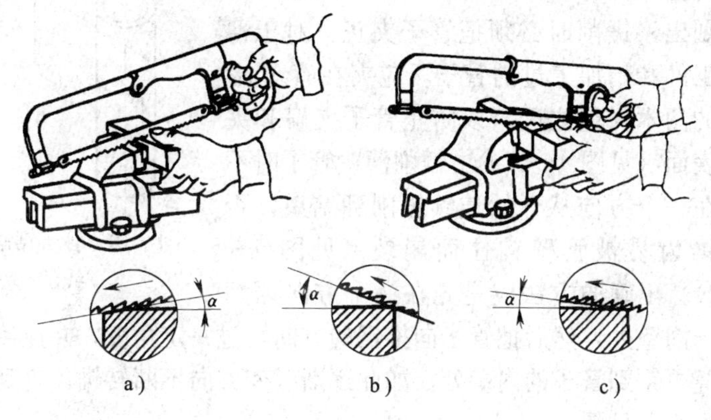

图 4—9 起锯方法

a）远起锯 b）起锯角太大 c）近起锯

不易切入材料，多次起锯往往容易发生偏离，使工件表面锯出许多锯痕，影响表面质量。

一般情况下采用远起锯较好，因为远起锯锯齿是逐步切入材料，锯齿不易卡住，起锯也较方便。如果用近起锯掌握不好，锯齿会被工件的棱边卡住，此时也可以用向后拉手锯做倒向起锯，使起锯时接触的齿数增加，再作推进起锯就不会被棱边卡住。起锯锯槽深为 2～3 mm，锯条不会滑出槽外，左手拇指可离开锯条，扶正锯弓逐渐使锯痕向后（向前）成为水平，然后往下正常锯削。正常锯削时应使锯条的全部有效齿在每次行程中都参加切削。

5. 各种材料的锯削方法

（1）棒料的锯削。如果锯削的断面要求平整，则应从开始连续切削到结束。若锯出的断面要求不高，可分为几个方向锯下，这样，由于锯削面小而容易锯入，可提高工作效率。

（2）管子的锯削。锯削管子前，可划出垂直轴线。由于锯削时对划线的精度要求不高，最简单的方法可用矩形纸条按锯削尺寸绕住工件外圆（见图 4—10），然后用滑石划出，锯削时必须把管子夹正。对于薄壁工件和精加工过的管子，应夹在有 V 形槽的两木衬垫之间，以防止管子夹扁和夹坏表面（见图 4—11a）。锯削薄壁管子时不可在一个方向从开始连续锯削到结束，否则锯齿易被管壁钩住而崩裂（见图 4—11c）。正确的方法应是先在一个方向锯到管子内壁处，然后把管子向推锯的方向转过一定角度，并连接原锯缝再锯到管子的内壁处。如此逐渐改变方向不断转锯，直到锯断为止（见图 4—11b）。

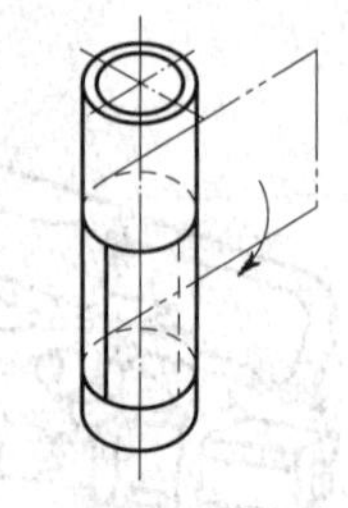

图 4—10　管子锯割线的划法

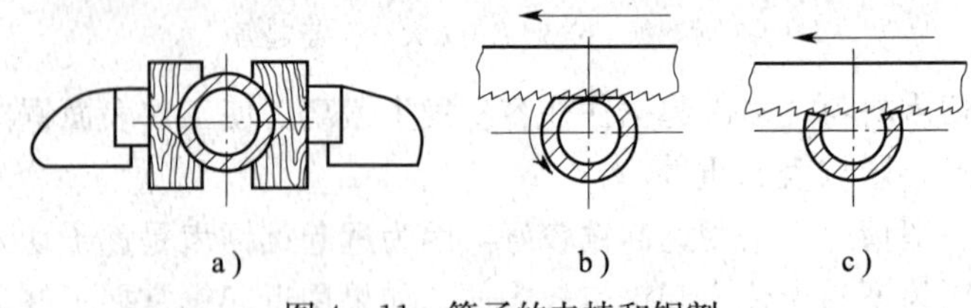

a）　b）　c）

图 4—11　管子的夹持和锯割

a）管子的夹持　b）转位锯割　c）不正确锯割

（3）薄板料的锯削。锯削薄板时尽可能从宽面上锯下去。当只能在板料的狭面上锯下去时，可用木块夹持，连木块一起锯下，避免锯齿钩住，同时也增加了板料的刚度，使锯削时不发生颤动。也可以把薄板料直接夹在台虎钳上，用手锯做横向斜推锯，使锯齿与薄板接触的齿数增加，避免锯齿崩裂（见图 4—12）。

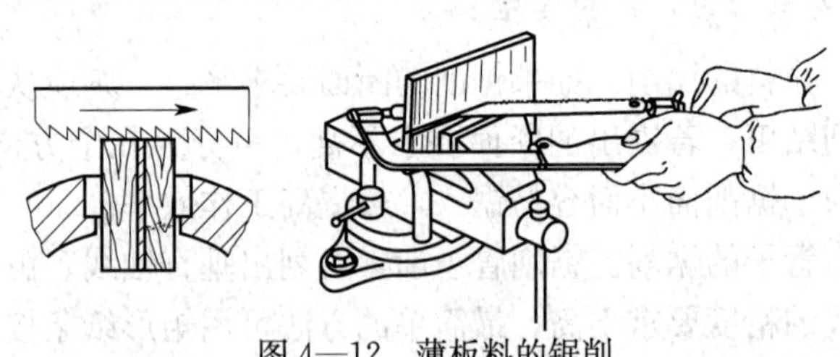

图 4—12　薄板料的锯削

（4）深缝锯削。当锯缝的深度超过锯弓的高度时（见图 4—13），应将锯条转过 90°重新装夹，使锯弓转到工件的旁边，当锯弓横下来其高度仍不够时，也可把锯条装夹成使锯齿朝向锯内进行锯削。

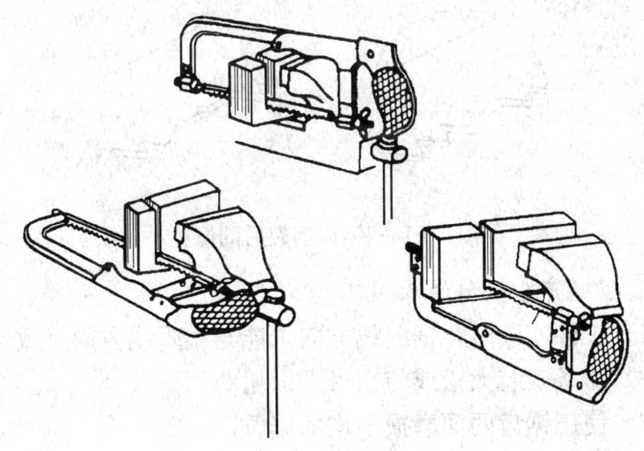

图 4—13 深缝锯削

6. 锯条折断的原因

（1）工件未夹紧，锯削时工件有松动。

（2）锯条装得过松或过紧。

（3）锯削压力过大或锯削方向突然偏离锯缝方向。

（4）强行纠正歪斜的锯缝，或调换新锯条后仍在原锯缝过猛地锯下。

（5）锯削时锯条中间局部磨损，当拉长锯削时被卡住引起折断。

（6）中途停止使用时，手锯未从工件中取出而碰断。

7. 锯齿崩裂的原因

（1）锯条选择不当，如锯薄板料、管子时用粗齿锯条。

（2）起锯时角度太大。

（3）锯割运动突然摆动过大，以及锯齿有过猛的撞击使锯齿撞断。

当锯齿局部崩裂几个后，应及时在砂轮机上进行修整，即将相邻的 2～3 个齿磨低成凹圆弧（见图 4—14），并把已断掉的齿磨光。如不立即处理，会使已崩裂齿的后面各齿相继崩裂。

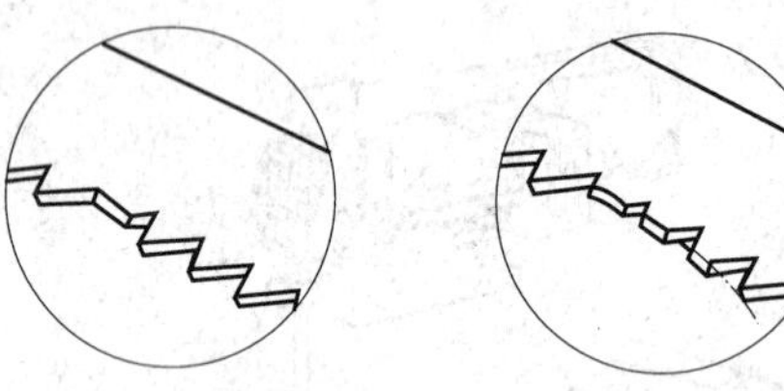

图 4—14　锯齿崩裂后的修整

8. 锯缝产生歪斜的原因

（1）工件安装时，锯缝线方向未能与铅垂线方向一致。

（2）锯条安装太松或与锯弓平面扭曲。

（3）使用锯齿两面磨损不均的锯条。

（4）锯割压力过大使锯条左右偏摆。

（5）锯弓未扳正或用力倾斜，使锯条背离锯缝中心平面，而斜靠在锯割端面的一侧。

三、锯削实例

根据图 4—15 的要求，完成工件的锯削工作。

1. 锯削步骤

（1）按图样尺寸对 3 件实习件划出锯削线。

（2）锯四方铁（铸铁件），达到尺寸（54±0.8）mm、锯削断面平面度 0.8 mm 的要求，并保证锯齿整齐。

（3）锯钢六角件，在角的内侧面采用远起锯，达到尺寸（18±0.8）mm、锯削断面平面度 0.8 mm 的要求，并保证锯痕整齐。

（4）锯长方体（要求纵向锯），达到尺寸（22±1）mm、锯削断面平面度 1 mm 的要求，并保证锯痕整齐。

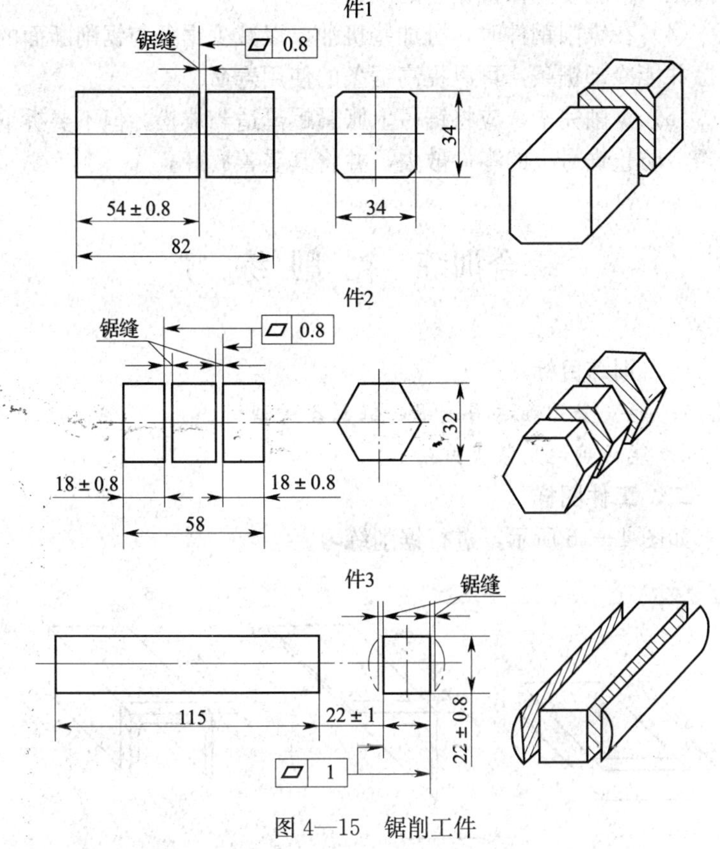

图 4—15　锯削工件

2. 注意事项

(1) 锯削练习时，必须注意工件的安装及锯条的安装是否正确，并要注意起锯和起锯角度要正确，以免一开始锯削就造成废品和锯条损坏。

(2) 初学锯削，对锯削速度不易掌握，往往推锯速度过快，这样容易使锯条很快磨钝。同时，也常会出现摆动姿势不自然、摆动幅度过大等错误姿势，应注意及时纠正。

(3) 要适时注意锯缝的平直情况，及时借正（当歪斜过多再作借正时，就不能保证锯削的质量）。

（4）在锯削钢件时，可加些机油，以减少锯条与锯削断面的摩擦并能冷却锯条，可以提高锯条的使用寿命。

（5）锯削完毕，应将锯弓上胀紧螺母适当放松，但不要拆下锯条，防止锯弓上的零件散失，并将其妥善放好。

综合训练　锯 削 练 习

一、训练目标

1. 能安全正确运用手锯，锯割各种型材。

2. 能正确运用装夹方法。

二、工件图样

如图 4—16 所示，进行锯削练习。

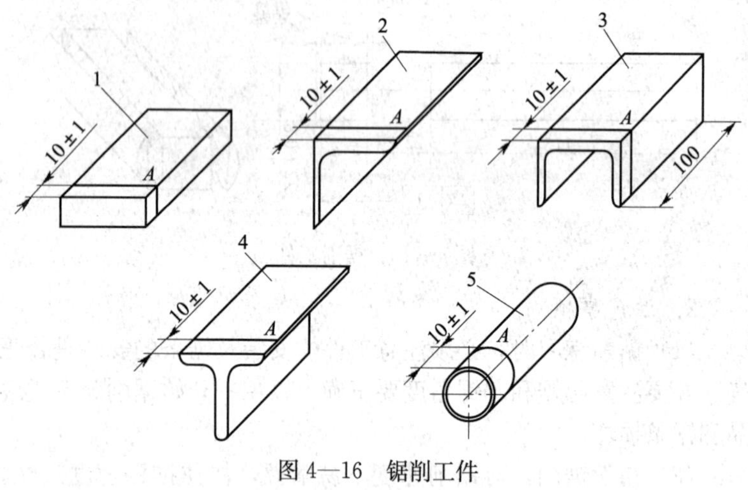

图 4—16　锯削工件

1，2，3，4，5——工件

三、练习步骤

1. 所有的工件先用锉刀去毛刺。

2. 工件1、工件2、工件3和工件4使用宽座角尺靠着划线。

3. 工件5使用划针盘划线。

4. 依次完成锯割工件1至工件5。

5. 最后将锯割面去毛刺。

四、注意事项

1. 为了使起锯容易，可先在起锯点用三角锉锉出一个小切口。

2. 锯割时应沿所划加工线的左侧锯割，不要齐线锯割或进入右侧锯割。

3. 在锯割管材时，仅锯到管壁透了为止，将管材沿锯切方向旋转后，再继续锯割。

第五单元　钻孔、锪孔、铰孔、攻螺纹和套螺纹

模块一　钻孔与锪孔

一、训练目标

1. 了解台钻、立钻的规格、性能及其使用方法。
2. 掌握标准麻花钻的刃磨方法。
3. 掌握划线钻孔方法，并能进行一般孔的钻削加工。
4. 能钻通孔。
5. 能加工圆锥形沉孔。

二、相关知识

1. 钻床

(1) 台钻。台式钻床简称台钻（见图 5—1），一般用来加工小型工件上直径不大于 12 mm 的小孔。

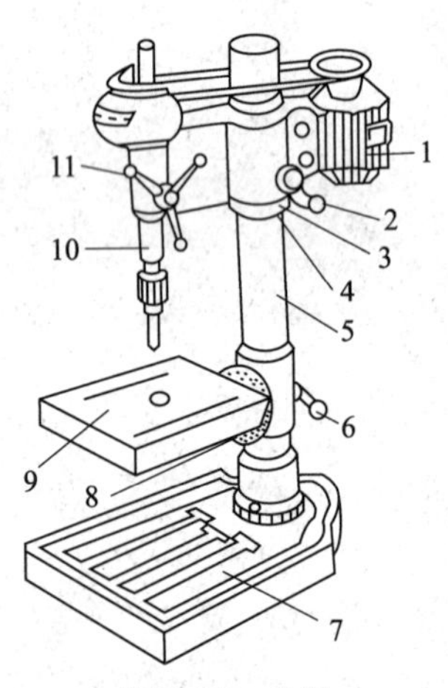

图 5—1　台钻

1—电动机　2,6,11—手柄　3,8—螺钉　4—保险环　5—立柱　7—底座　9—工作台　10—主轴

1) 传动变速。操纵电气转换开关，能使电动机 1 正转、反转启动或停止。电动机的旋转动力由分别装在电动机 1 和主轴 10 上的多级三角带轮（塔轮）通过三角带轮转给主轴 10。钻孔时必须使主轴作顺时针方向转动

(正转)，变速时必须先停车，主轴的进给运动（即钻头向下的直线运动)，由进给手柄 11 控制。

2）钻轴头架的升降调整。对有自锁性的头架作升降调整时，只需先松开本身的锁紧装置，摇动升降手柄，调整到所需位置，然后再将其锁紧即可。对头架升降无自锁性的台钻作升降调整时，必须在松开锁紧装置前，将头架作必要的支撑，以免头架突然下落而造成事故。

3）维护保养。

①在使用过程中，工作台面必须保持清洁。

②钻通孔时必须使钻头能通过工作面上的让刀孔，或在工件下面垫上垫铁，以免钻坏工作台面。

③下班时必须将机床外露滑动面及工作台面擦净，并对各滑动面及各注油孔加注润滑油，将工作台降到最低位置。

(2）立钻。立式钻床简称立钻(见图 5—2),一般用来钻中、小型工件上的孔,其最大钻孔直径有25 mm、35 mm、40 mm 和 50 mm 几种。

1）主要机构的使用调整。

①主轴变速箱 6 位于机床的顶部，主电动机 5 安装在其后，变速箱左侧有 2 个变速手柄 4，参照机床的变速标牌，调整这两个手柄位置，能使主轴 9 获得 9 级不同转速。

②进给变速箱 7 位于主轴变速箱 6 和工作台 11 之间，安装在立柱 10 的导轨上。进给变速箱的位置高度，可按被加工工件的高度进行调整。调整前须首先松开锁紧螺

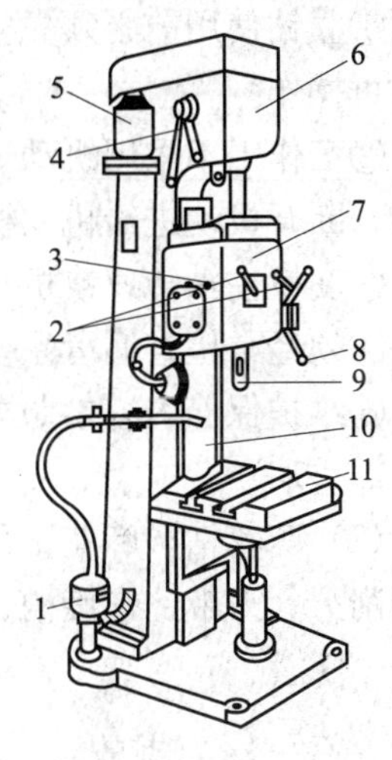

图 5—2　立钻

1—电动机　2—进给变速手柄
3—手柄　4—变速手柄　5—主电动机
6—主轴变速箱　7—进给变速箱
8—进给手柄　9—主轴
10—立柱　11—工作台

钉，待调整到所需高度，再将锁紧螺钉锁紧。进给变速箱左侧的手柄 3 为主轴正转、反转启动或停止控制手柄。正面有 2 个较短的进给变速手柄 2，按变速标牌指示的进给速度与对应的手柄位置扳动手柄，可获得所需的机动进给速度。

③在进给变速箱的右侧有三星式进给手柄 8，这个手柄连同箱内的进给装置，称为进给机构。用它可以选择机动进给、手动进给、超越进给或攻螺纹进给等不同操作方式。

④工作台 11 安装在立柱导轨上，可通过安装在工作台下面的升降机构进行操纵，转动升降手柄即可调节工作台的高低位置。

⑤在立柱左边底座凸台上安装着切削液泵和电动机 1，开动电动机即可输送切削液对刀具和工件加工部位进行冷却润滑。

2）使用规则及维护保养。

①立钻使用前必须先空钻试车，在机床各机构都能正常工作时才可操作。

②工作中不采用机动进给时，必须将三星式进给手柄端盖向里推，断开机动进给机动机构。

③变换主轴转速或机动进给量必须在停车后进行。

④须经常检查润滑系统的供油状况。

⑤维护保养内容参照立钻一级保养要求。

2. 刀具

(1) 麻花钻。麻花钻分为直柄麻花钻和锥柄麻花钻。其结构由切削刃、刃带、螺旋槽、钻颈、钻柄、扁尾、横刃等组成（见图 5—3）。

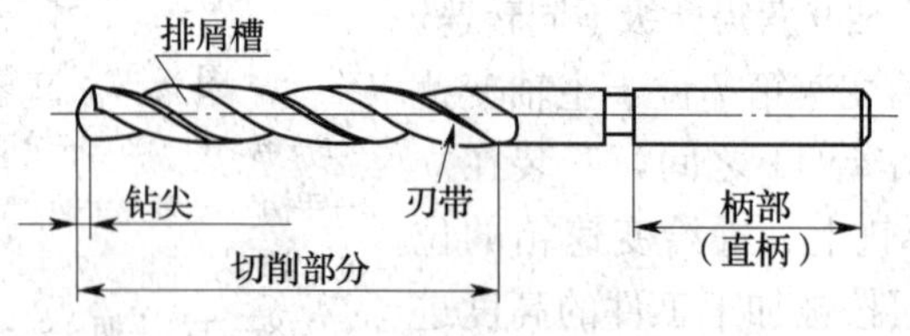

图 5—3　麻花钻的结构

1）标准麻花钻的刃磨方法。

①两手握法。右手握住钻头的头部，左手握住柄部。

②钻头与砂轮的相对位置。钻头轴心线与砂轮圆柱母线在水平面内的夹角等于钻头顶角 2φ 的一半，被刃磨部分的主切削刃处于水平位置（见图 5—4a）。

③刃磨动作。将钻头主切削刃在略高于砂轮水平中心平面处先接触砂轮（见图 5—4b）。右手缓慢地使钻头绕自己的轴线由下向上转动，同时施加适当的刃磨压力，这样可使整个后面都能磨到。左手配合右手作缓慢的同步下压运动，这样就便于磨出后角，其下压的速度及其幅度随要求的后角大小而变，为保证钻头近中心处磨出较大后角，还应作适当的右移运动。刃磨时两手动作的配合要协调、自然。按此不断反复，两后面经常轮换，直至达到刃磨要求。

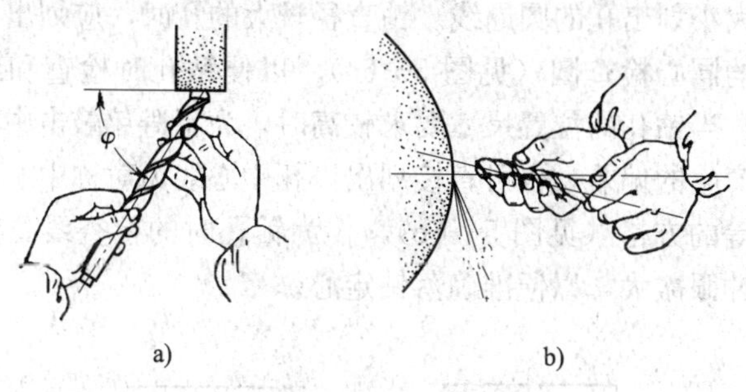

图 5—4　钻头刃磨时与砂轮的相对位置

④钻头冷却。钻头刃磨压力不宜过大，并要经常蘸水冷却，防止因过热退火而降低硬度。

⑤刃磨砂轮。一般采用粒度为 46～80，硬度为中软级（ZR1～ZR2）的为宜，砂轮旋转必须平稳，对跳动量大的砂轮必须进行修整。

⑥刃磨检验。钻头的几何角度及两主切削刃的对称等要求，可利用检验样板进行检验（见图 5—5）。在刃磨过程中，最常用的

方法还是目测检验。目测检验时，把钻头切削部分向上竖立，两眼平视，由于两主切削刃一前一后会产生视差，往往感到左刃（前刃）高而右刃（后刃）低，所以要旋转180°后反复看几次，如果结果一样，就说明对称了。钻头外缘处的后角要求，可对外缘处靠近刃口部分的后刀面的倾斜情况来进行直接目测。近中心处的后角要求，可通过控制横刃斜角的合理数值来保证。

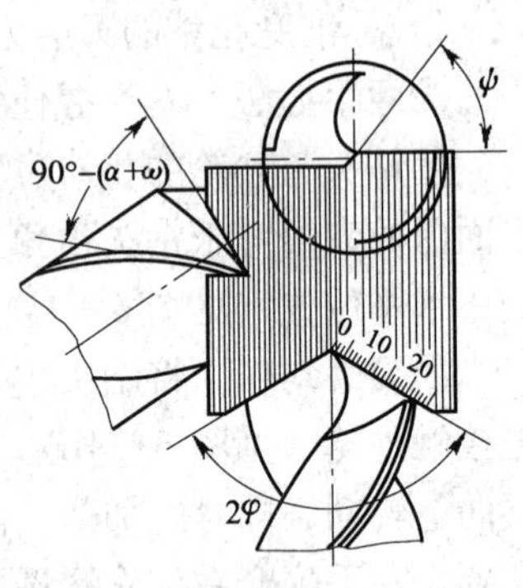

图 5—5　用样板检查刃磨角度

2）钻孔时的工件划线。按钻孔的位置尺寸要求，划出孔位的十字中心线，并打上中心样冲眼（要求冲眼要小，位置要准），按孔的大小划出孔的圆周线。钻直径较大的孔时，应划出几个大小不等的同心检查圆（见图 5—6a），以便钻孔时检查和纠正钻孔位置。当钻孔的位置尺寸要求较高时，为了避免敲击中心样冲眼时所产生的偏差，也可直接划出以孔中心线为对称中心的几个大小不等的方格（见图 5—6b），作为钻孔时的检查线。然后将中心样冲眼敲大，以便准确落钻定心。

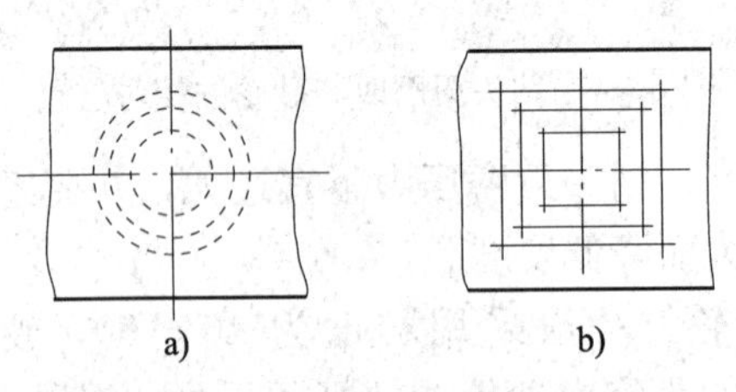

图 5—6　孔位检查线形式

3）钻头的装拆。钻头有直柄钻头和锥柄钻头，安装方法如图 5—7 所示。

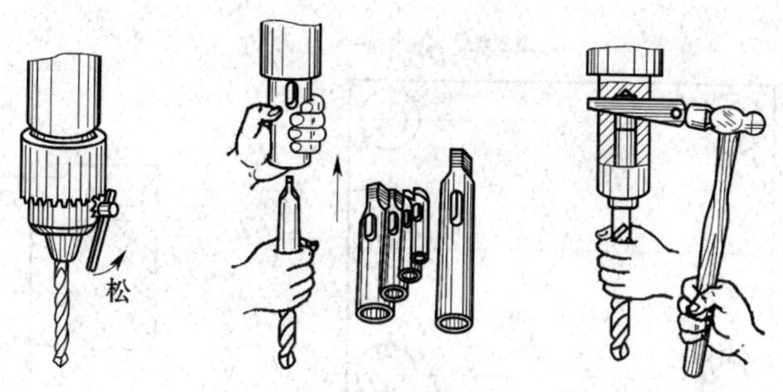

图 5—7 钻头的装拆

（2）锪钻。锪钻分为柱形锪钻（见图 5—8a）、锥形锪钻（见图 5—8b）、端面锪钻（见图 5—8c）。柱形锪钻多用来锪圆柱形埋头孔，而端面锪钻专门用来锪平孔口端面。

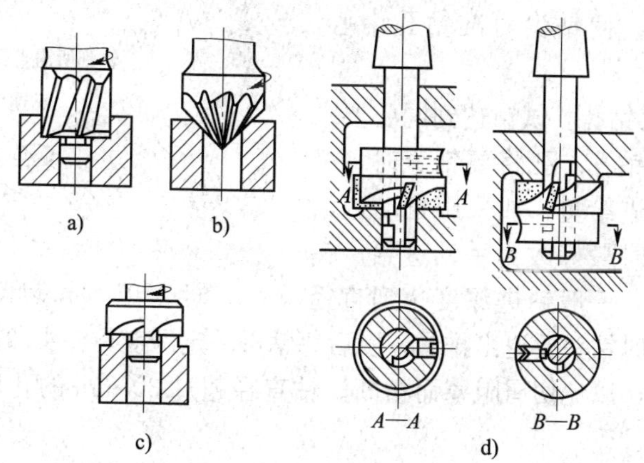

图 5—8 锪钻和锪孔形式

三、钻孔、锪孔实例

按图 5—9 要求对工件进行钻孔、锪孔。

1. 操作步骤

（1）钻孔。钻孔的工作步骤如图 5—10 所示。

1）工件装夹找正。

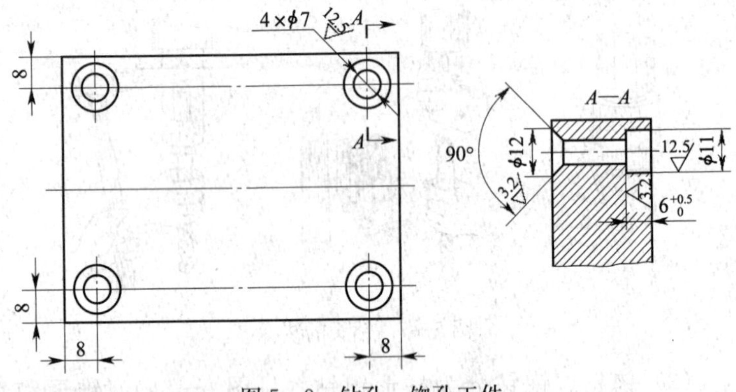

图 5—9　钻孔、锪孔工件

2）固定台虎钳。

3）定中心。调整钻头或工件的位置，使钻尖对准钻孔中心，试钻一浅孔。

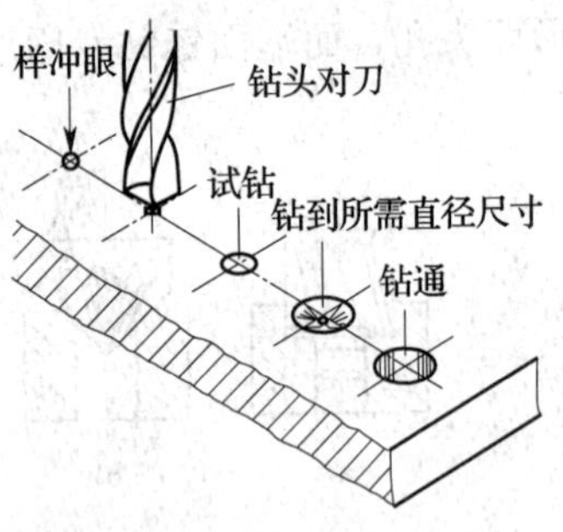

图 5—10　钻孔步骤

4）钻孔。试钻达到同心要求时继续钻孔。孔将要钻穿时，必须减小进给量，如采用自动进给的，此时最好改为手动进给。钻深孔时，一般钻进深度达到直径的 3 倍时钻头要退出排屑，以后每钻进一定深度，钻头即退出排屑一次，以免切屑阻塞而扭断。钻直径超过 30 mm 的孔可分两次钻削。

5）去毛刺。

（2）锪孔。

1）按工件要求刃磨锥形钻或平底钻。

2）锪孔并用螺钉试配检查。

2. 注意事项

（1）操作钻床时不可戴手套，应穿紧身工作服，袖口扎紧，女同志必须戴工作帽。

（2）工件必须压紧或夹紧，小工件可用手虎钳或其他夹具夹紧。孔钻穿前应尽量减小进给力。

（3）开动钻床前，应检查是否有钻夹头钥匙或斜铁插在钻床主轴上。

（4）不能用手、棉纱或用嘴吹来清除切屑，而应用刷子来清除，长卷切屑要用钩子钩断后除去。

（5）停机时，应让主轴自然停止，不可用手指去触及刹住。

（6）当用工具调整V形带进行变速时，要防止手指被卷入。

（7）严禁在开机状态下装拆工件。检查工件和变换主轴转速时，必须在停机状态下进行。

模块二　铰　　孔

一、训练目标

1. 了解铰刀的种类和应用。

2. 掌握铰孔方法。

二、相关知识

1. 铰刀的种类

铰刀有手用铰刀和机用铰刀两种。手用铰刀（见图5—11a）用于手工铰孔，柄部为直柄，工作部分较长。机用铰刀（见图5—11b）多为锥柄，装在钻床上进行铰孔。

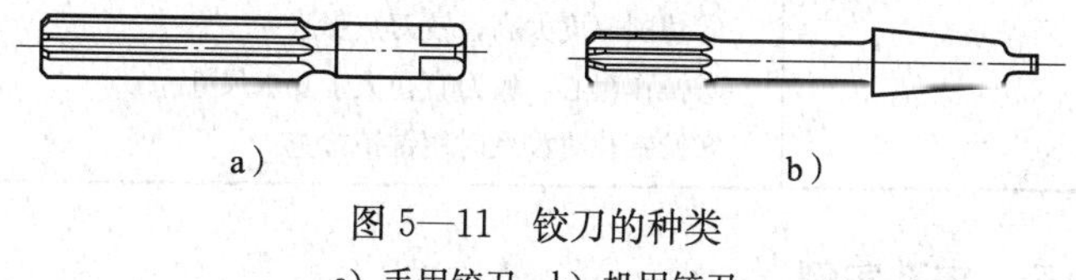

图5—11　铰刀的种类

a）手用铰刀　b）机用铰刀

2. 夹具

平口钳等。

3. 量具

极限量规和相配锥销。

4. 铰孔出现的问题和产生原因

铰孔出现的问题和产生原因见表5—1。

表5—1　　铰孔出现的问题和产生原因

出现的问题	产生原因
加工表面粗糙度大	①铰孔余量太大或太小 ②铰刀的切削刃不锋利，刃口崩裂或有缺口 ③不用切削液，或用不适当的切削液 ④铰刀退出时反转，手铰时铰刀旋转不平稳 ⑤切削速度太高产生刀瘤，或刀刃上粘有切屑 ⑥容屑槽内切屑堵塞
孔呈多角形	①铰削量太大，铰刀振动 ②铰孔前钻孔不圆，铰刀发生弹跳现象
孔径缩小	①铰刀磨损 ②铰铸铁时加煤油 ③铰刀已钝
孔径扩大	①铰刀中心线与钻孔中心线不同轴 ②铰孔时两手用力不均匀 ③铰削钢件时没加切削液 ④进给量和铰削余量过大 ⑤机铰时，钻轴摆动太大 ⑥切削速度太高，铰刀热膨胀 ⑦操作粗心，铰刀直径大于要求尺寸 ⑧铰锥孔时没及时用锥销检查

三、铰孔实例

按图5—12的要求对工件进行铰孔。

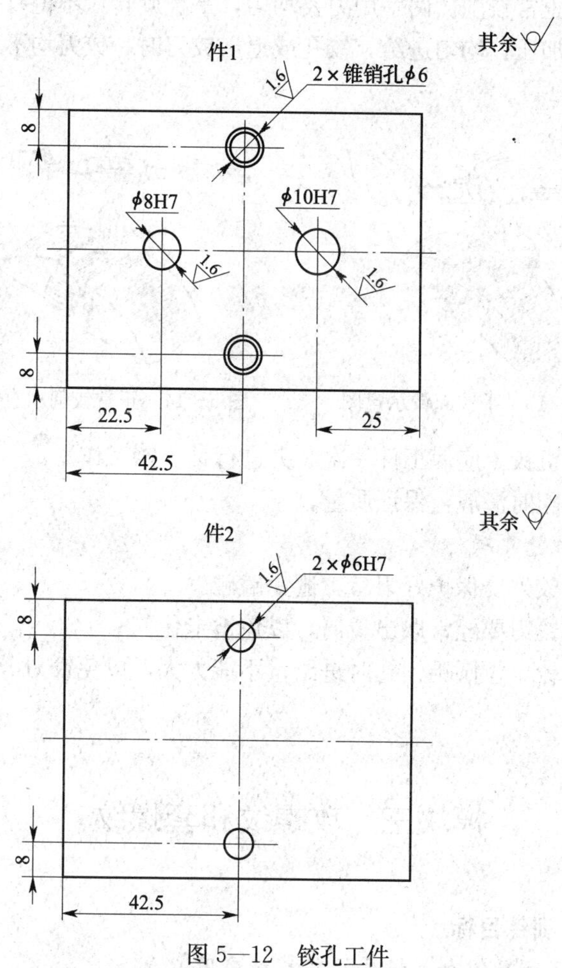

图 5—12 铰孔工件

1. 铰孔步骤

（1）检查铰刀。用棉纱布擦干净铰刀，切削刃如有毛刺或有切屑粘附，可用油石小心磨去，夹好工件，上好铰刀。

（2）手铰起铰。可用右手通过铰刀轴线施加铰孔进给压力，左手转动 2～3 圈，进入正常切削时再用双手操作（见图5—13）。

（3）正常铰削。两手用力要均匀，平稳旋转，不得有侧向压力，适当加压，均匀进给，铰孔或退出铰刀时，铰刀均不能反转（见图 5—14）。

图 5—13　手铰起铰示意图

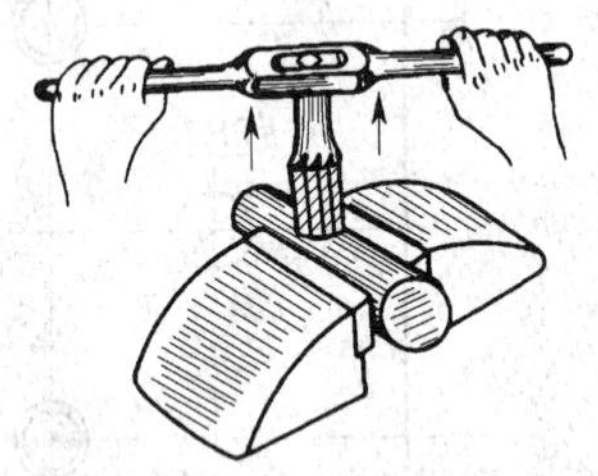
图 5—14　正常铰削示意图

（4）机铰。应使工件一次装夹进行钻、铰工作。

（5）随时清屑，保证质量。

2. 注意事项

（1）铰刀要保护好刃口，避免磕碰。

（2）铰刀要经常取出清屑，以免被卡住。

（3）铰定位圆锥销孔时进给量不能太大，以免铰刀卡死或折断。

模块三　攻螺纹和套螺纹

一、训练目标

1. 了解丝锥和圆板牙的种类和应用。

2. 掌握攻螺纹和套螺纹。

二、相关知识

1. 丝锥

丝锥是加工内螺纹的工具，分为手用和机用两种，有粗牙、细牙之分。手用丝锥的材料一般用合金工具钢或轴承钢制造。丝锥由工作部分和柄部两部分组成，如图 5—15 所示，工作部分包括切削部分和校准部分。

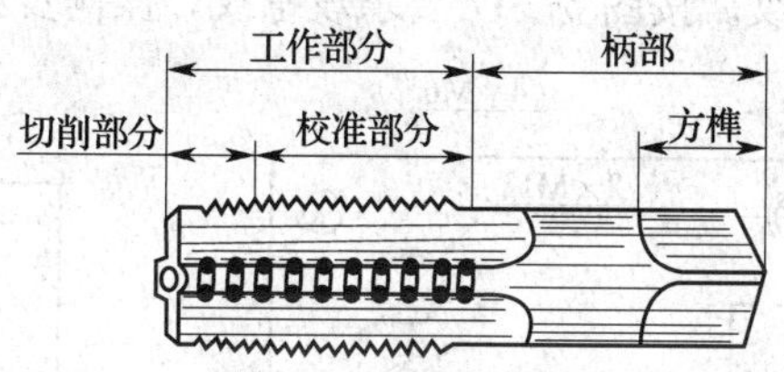

图 5—15　丝锥的构成

2. 圆板牙

圆板牙是钳工用来加工外螺纹的工具，是由切削部分、校准部分和排屑孔组成的。其本身就像一个圆螺母，在上面钻有几个排屑孔而形成刃口（见图 5—16a）。

圆板牙的切削部分为两端的锥角（2φ）部分。它不是圆锥面，而是经铲磨而成的阿基米得螺旋面，形成的后角 $\alpha_0=7°\sim9°$，锥角 $\varphi=20°\sim25°$。圆板牙前面是圆孔。因此，前角大小沿着切削刃而变化，外径处前角 γ_0 最小，内径处前角 γ_{01} 为最大（见图 5—16b），一般 $\gamma_0=8°\sim12°$。圆板牙的中间一段是校准部分，也是套螺纹时的导向部分。

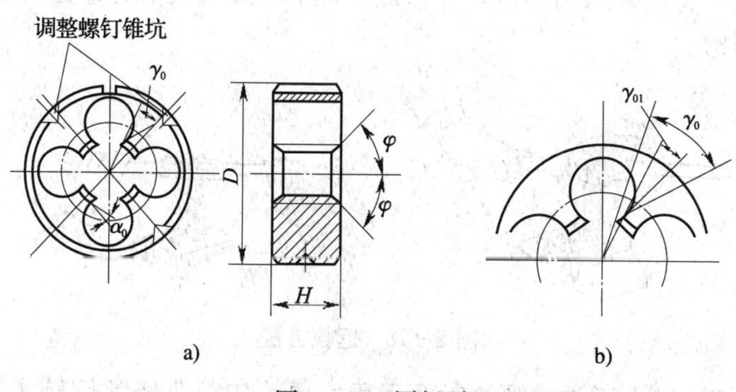

图 5—16　圆板牙

a）外形和角度　b）圆板牙前角变化

三、螺纹加工实例

1. 操作步骤

(1) 攻螺纹。按图 5—17 要求攻螺纹，操作步骤如下：

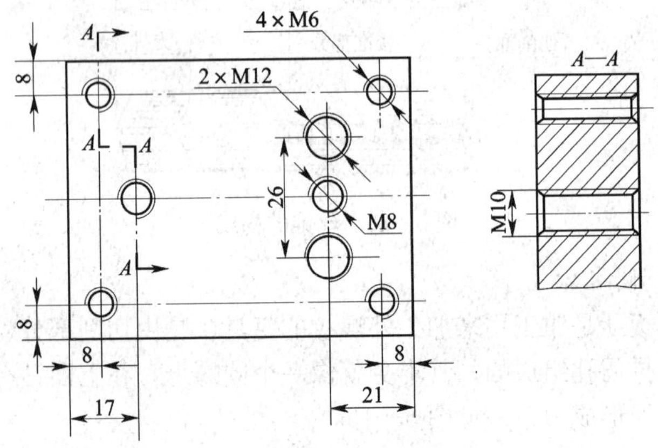

图 5—17 攻螺纹工件

1) 在螺纹底孔的孔口倒角，通孔螺纹两端都要倒角，倒角处直径可略大于螺孔大径。

2) 头锥起攻时，可一手用手掌按住铰杠中部，沿丝锥中心线用力加压，另一手配合作顺向旋进，或两手握住铰杠两端均匀施压，将丝锥顺向旋进，并保证丝锥中心线与孔中心重合（见图 5—18）。

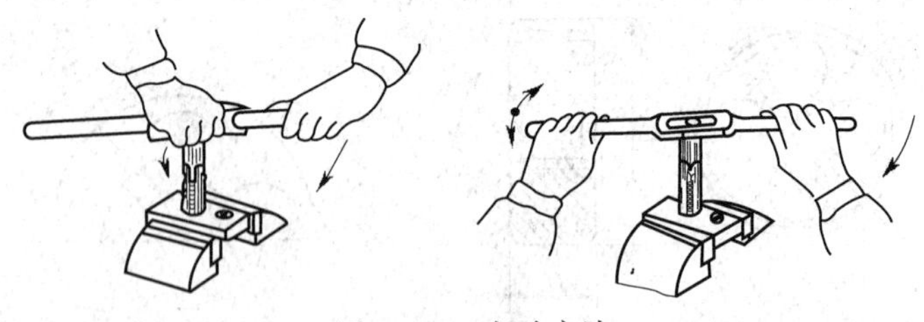

图 5—18 起攻方法

3) 进入正常攻螺纹时两手用力要均匀，要经常倒转 1/4～1/2 圈，使切屑碎断容易排除，避免因切屑阻塞而使丝锥卡住

(见图 5—19)。

4）攻钢件时可加机油，螺纹质量要求高时可加植物油，攻铸铁件时可用煤油。

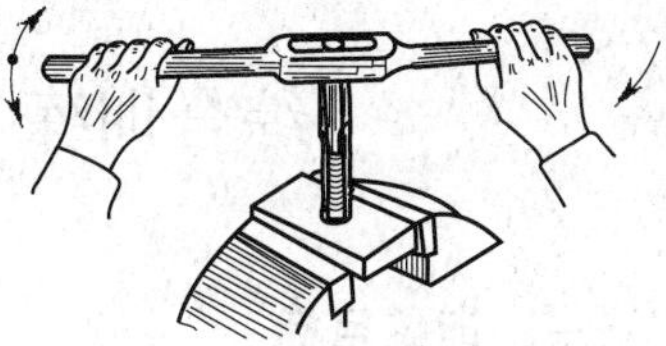

图 5—19　进铰中的排屑

（2）套螺纹。

1）圆杆的夹持方法（见图 5—20）。一般采用 V 形夹块或厚铜衬（即铜钳口）作衬垫，方能可靠夹紧。

2）起套时一手用手掌按住铰杠中部，沿圆杆的轴向施加压力，另一手配合作顺向切进，转动要慢，压力要大，并保证圆板牙端面与圆杆的垂直度，不得歪斜（见图 5—21）。

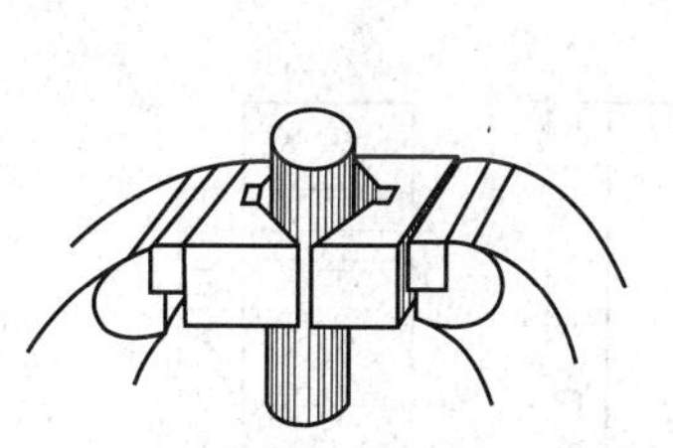

图 5—20　圆杆的夹持方法

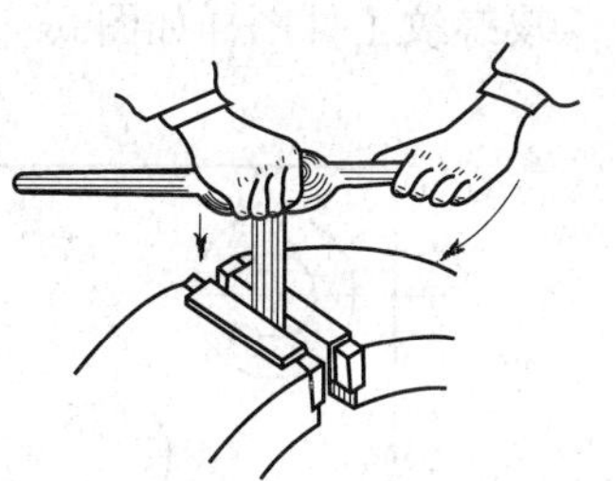

图 5—21　起套方法

3）套螺纹进入正常操作，而圆板牙已切入圆杆 2～3 牙时，应退出圆板牙，用 90°角尺检查其垂直度误差并及时纠正，然后再接着套螺纹以保证套螺纹的质量。套螺纹过程中，应经常倒转圆板牙，以便断屑。

4）在钢件上套螺纹时要加切削液，一般采用较浓的乳化液或机油。

2. 注意事项

（1）起攻螺纹和起套螺纹时，要从两个方向进行垂直度的校正。

（2）两手施力要均匀，要掌握好用力限度。

综合训练　孔　加　工

一、训练目标

1. 掌握在钢件上及圆弧面上进行钻孔、锪孔、铰孔及攻螺纹。

2. 能攻好不通孔螺纹。

3. 按划线钻孔能达到一定的位置精度要求。

4. 达到加工表面粗糙度要求，孔口倒角正确，表面无损伤。

二、工件图样

攻螺纹工件图样如图 5—22 所示。

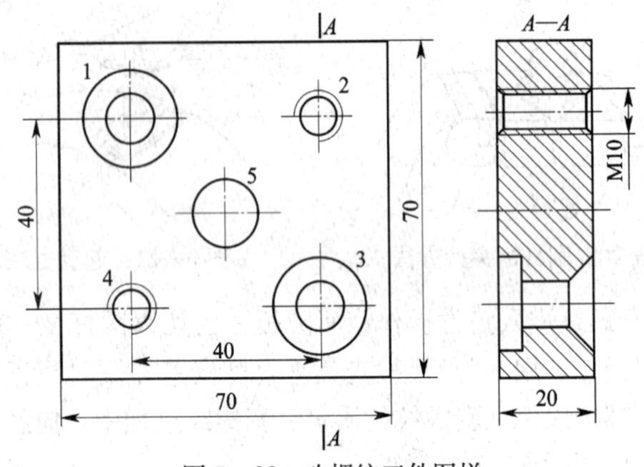

图 5—22　攻螺纹工件图样

三、练习步骤

1. 按图样要求划出全部加工位置线。

2. 用平口钳装夹工件，按划线钻平面各孔，达到位置尺寸要求（可用游标卡尺测量）。

3. 钻圆弧面上各孔，用柱形锪钻锪出沉孔，其余各孔作孔口倒角。

4. 用手用铰刀铰削有关孔。

5. 攻制各螺纹，达到垂直度要求。

6. 修去毛刺，全部精度复查，交件检验。

四、注意事项

1. 对不同孔径的钻孔转速要选择适当。

2. 倒角的钻头要刃磨正确。

3. 钻头起钻定中心时，台虎钳可不固定，待起钻浅坑位置正确后再压紧，并保证落钻时钻头没有弯曲现象。

4. 用小钻头钻孔，进给压力不能太大以免钻头弯曲折断。

5. 由于锥销孔的锥度较小，本身有自锁作用，加上韧性材料塑性大，因此，在铰削时铰刀刃口必须锋利，且进给压力要小，否则极易锁住铰刀，使其旋转不动。

6. 要做到安全和文明操作。

第六单元 锉 配

模块一 锉配凸凹体

一、训练目标

1. 掌握具有对称度要求的工件划线。

2. 掌握具有对称度要求的工件加工和测量方法。

二、相关知识

1. 千分尺的识读

一般测量平面间的尺寸时，应在工件四角和中间（见图 6—1）测量 5 点。读取工件的测量尺寸，先要看清内套筒露出的数值（mm 或 0.5 mm）是多少，然后再看外套管的刻线和内套筒刻线所对齐的数值，最后将两个数值相加就是千分尺对工件的测量值。如图 6—2 所示，读数为 0＋0.5＝0.5 mm 和 4＋0.20＝4.20 mm。

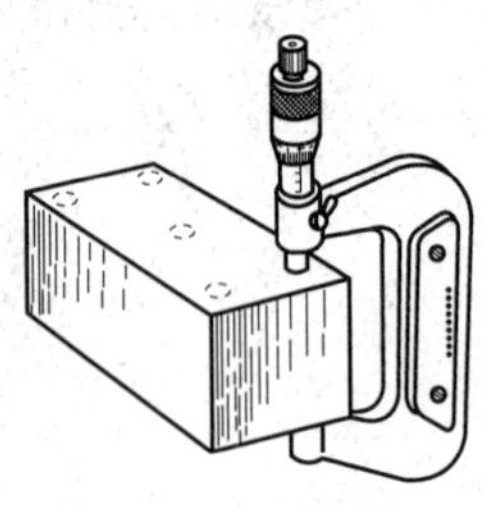

图 6—1 测量点位置

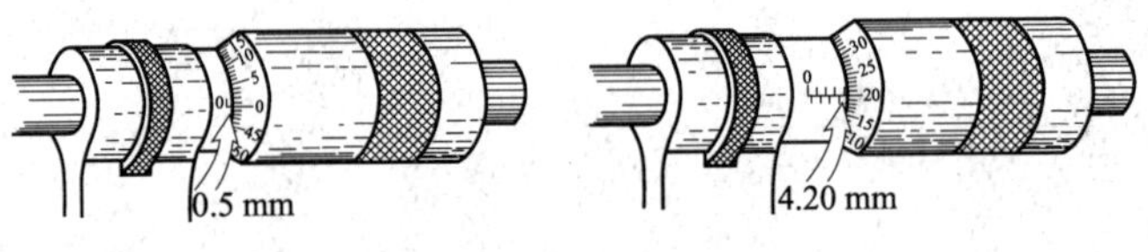

图 6—2 千分尺的识读

2. 对称度的测量方法

测量被测表面与基准表面的尺寸 A 和 B（基准表面为上、下轮廓表面），其差值之半即为对称度误差值（见图 6—3）。

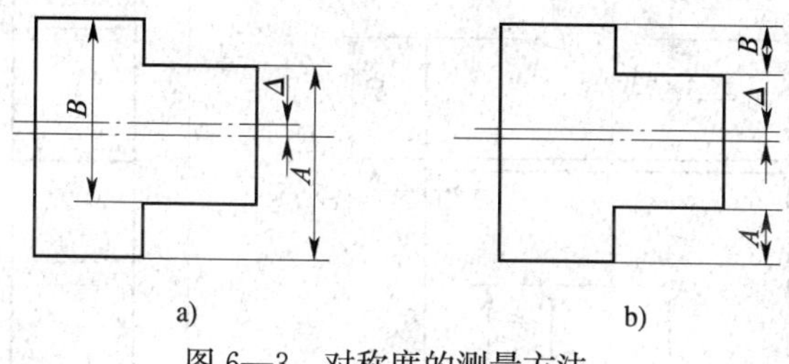

图 6—3 对称度的测量方法

3. 对称度误差对转位互换精度的影响（见图 6—4）

当凸件、凹件都要求对称度误差在 0.05 mm 内时，且在同一方向位置锉配达到要求间隙后，得到两侧基准面平齐，但当转位 180°配合时，就产生了两侧基准面的偏位误差，其值为 0.10 mm。

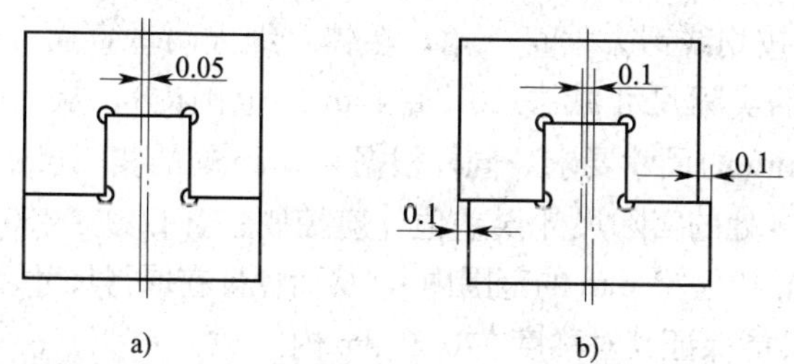

图 6—4 对称度误差对转位互换精度的影响

三、锉配实例

如图 6—5 所示锉配凸凹体。

1. 操作步骤

（1）划线锉正 60 mm×80 mm×25 mm 四方体，达到尺寸公差、垂直度、平面度和表面粗糙度要求。

（2）按要求划出凸凹体加工线，并钻 4×ϕ3 mm 工艺孔。

（3）加工凸形面。

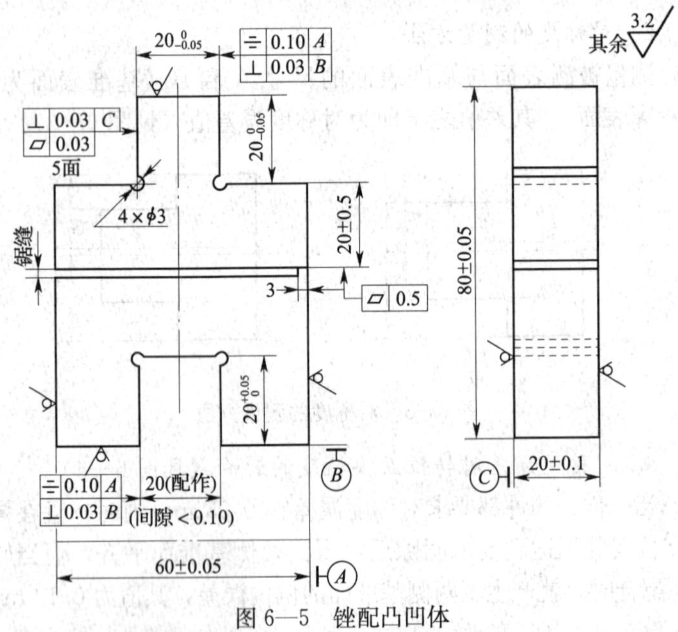

图 6—5　锉配凸凹体

1）按划线锯去垂直一角，粗锉、细锉两垂直面（应控制在 80 mm 的实际尺寸减去 $20_{-0.05}^{0}$ mm 的范围内），从而保证达到 $20_{-0.05}^{0}$ mm 的尺寸要求，同样根据 60 mm 处的实际尺寸，通过控制 40 mm 处的实际尺寸误差值［应控制在（1/2）×60 mm 的实际尺寸加 $10_{-0.05}^{+0.025}$ mm 的范围内］，从而保证在取得尺寸 $20_{-0.05}^{0}$ mm 同时，又能保证其对称度在 0.1 mm 内。

2）按划线锯去另一垂直角，用上述方法控制并锉尺寸 $20_{-0.05}^{0}$ mm，凸形面的 $20_{-0.05}^{0}$ mm 的尺寸要求可直接测量。

（4）加工凹形面。

1）用钻头钻出排孔，并锯除凹形面的多余部分，然后粗锉至接近线条。

2）细锉凹形顶端面，根据 80 mm 处的实际尺寸，通过控制 60 mm 处的尺寸误差值（与凸形面的两垂直面一样控制尺寸），从而保证达到与凸形件端面的配合精度要求。

3）细锉两侧垂直面，两面同样根据外形 60 mm 和凸形面 20 mm 的尺寸误差，通过控制 20 mm 的尺寸误差值，从而保证达到与凸形件端面的配合精度要求，又能保证其对称度在 0.1 mm内。

（5）全部锐边倒角，并检查全部尺寸精度。

（6）锯削，要求达到尺寸（20±0.05）mm，锯面平面度精度达到 0.05 mm，留有 3 mm 不锯，最后修去锯口毛刺。

2. 注意事项

（1）凸形体加工时，只能先锯掉一侧长方块，待加工至所要求的尺寸公差后，才能锯掉另一侧长方块。由于受测量工具的限制，只能采用千分尺用间接测量法得到所需要尺寸的公差。

（2）为了达到配合后转位互换精度，加工凸形体时，必须严格控制垂直度误差在最小的范围内，否则在互换配合后会产生较大的间隙。

（3）在加工垂直面时，要防止锉刀侧面碰坏另一垂直面，因此，必须将锉刀一侧在砂轮上修磨，并使其与锉刀面间夹角略小于 90°，刃磨后最好用油石磨光。

模块二　锉配六方体

一、训练目标

1. 掌握六方体锉配的方法，达到配合精度要求。

2. 了解影响锉配精度的因素并掌握锉配误差的检验和修正方法。

3. 掌握锉配工具、刃具的正确使用和修整方法。

二、相关知识

1. 六方体的划线

（1）在圆料工件上划内接正六角形（见图 6—6）的方法。

将工件安放在V形架上，调整高度游标划线至中心位置，划出中心线，并记下高度尺的尺寸数值，按图样六角形对边距离，调整高度游标卡尺划出与中心线平行的六方体对边线，然后顺次连接圆上各交点即可。

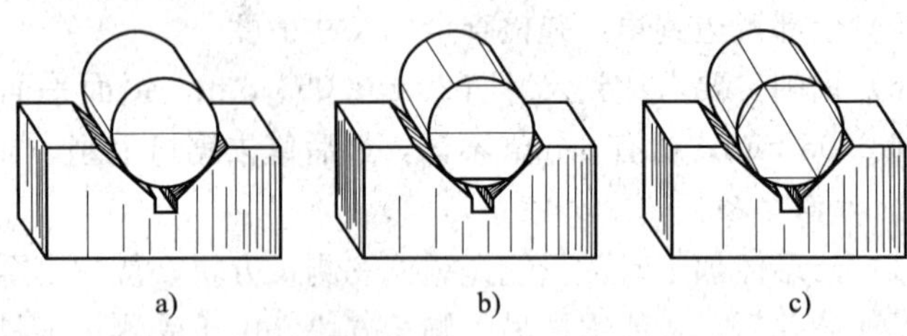

图6—6 在圆料工件上划内接正六角形

（2）在直角形工件上划正六角形（见图6—7）方法。分别以直角基准面 A、B 作划线基准，按给定尺寸在标准平板上用高度游标划线尺寸，划出六角各点对两基准面的坐标尺寸线，然后连接各交点即可。

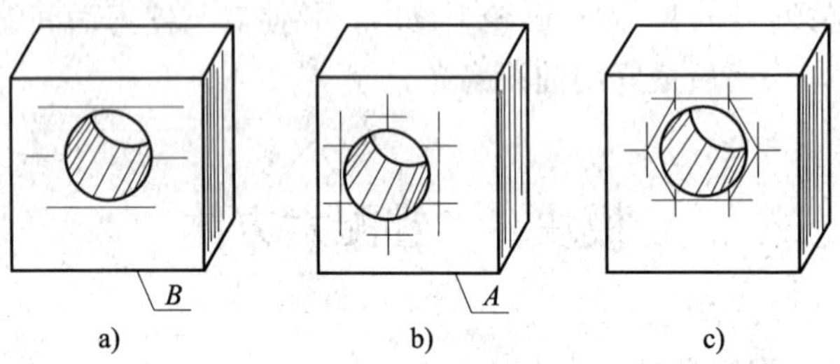

图6—7 在直角形工件上划正六角形

2. 六方体的锉配方法

（1）要得到锉配的内、外六角形体能转位互换，达到配合精度，其关键在于外六角形体要加工得准确，不但边长相等（可用边长卡板检查），而且对各个尺寸、角度的误差也要控制在最小范围内。

（2）锉配内、外六角形体工件有两种加工顺序，一种是先锉配一组对面，然后依次将 3 组试配后，作整体修锉配入；另一种可以先配锉 3 个邻面，用 120°样板（见图 6—8）检查和用外六角形体试配检查 3 面的 120°角度与等边边长的准确性，并按划线线条锉至接触线条，然后再同时锉 3 个面的对组面，达到六方体 3 组面用角都能塞入，再作整体修锉配入。

图 6—8 120°样板

(3) 对内六角形体的内棱清角修锉方法，必须用板锉按划线仔细直锉，使棱角线直而清晰。

(4) 六角形体工件在锉配过程中，某一面产生配合间隙增大时，对其间隙面的 2 个邻面可作适当修正，减小该面的间隙，采用这种方法要从整体来考虑其修正部位和余量，不可贸然动手。

三、锉配六方体实例

如图 6—9 所示锉配六方体。

1. 操作步骤

(1) 加工外六角形体。

1) 用游标卡尺测量出材料实际直径 d。

2) 粗锉、精锉第一面（见图 6—10a）。达到平面的平面度 0.04 mm、$R_a \leqslant 3.2\ \mu m$ 的要求，同时要保证与圆柱母线的尺寸要求 $\left[\left(\frac{d-30}{2}\right)\pm 0.06\right]$ mm。

3) 粗锉、精锉相对面（见图 6—10b），以第一面为基准划出相距 30 mm 的平面加工线，然后锉削，达到图样要求。

4) 粗锉、精锉第三面（见图 6—10c），达到图样要求，同时要保证与圆柱母线的尺寸要求 $\left[\left(\frac{d-30}{2}\right)\pm 0.06\right]$ mm（120°的准确性用活络角尺测量控制）。

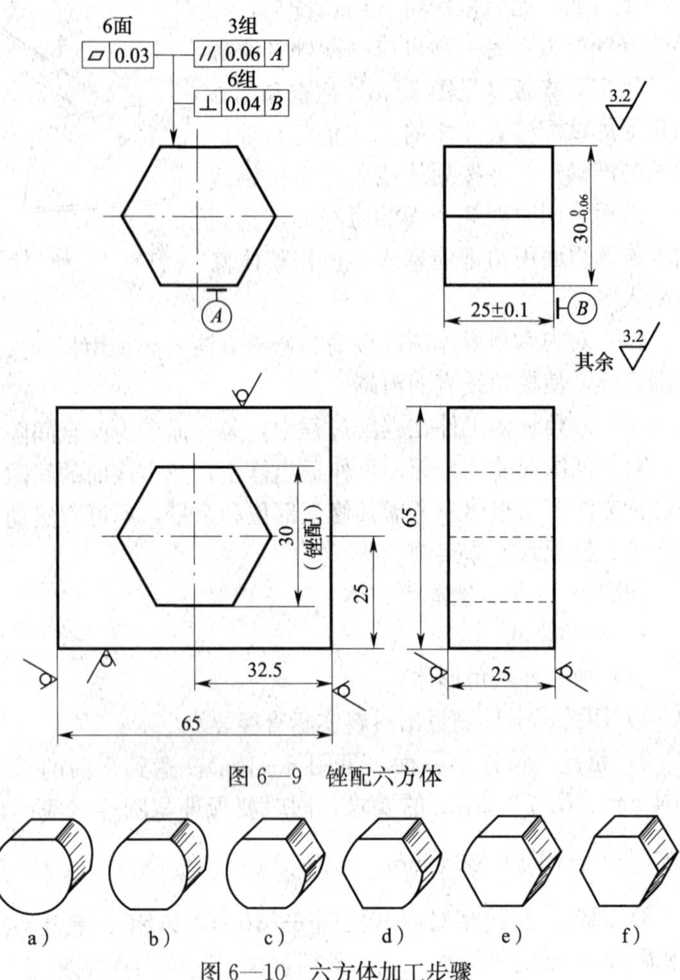

图 6—9　锉配六方体

图 6—10　六方体加工步骤

5）粗锉、精锉第三面的相对面（见图 6—10d）。以第三面为基准面划出相距 30 mm 的平面加工线，然后锉削，达到图样要求。

6）粗锉、精锉第五面（见图 6—10e），达到图样要求，同时要保证与圆柱母线的尺寸要求 $\left[\left(\frac{d-30}{2}\right)\pm0.06\right]$ mm。

7）锉削第五面的相对面（见图 6—10f）。以第五面为基准划出相距 30 mm 的平面加工线，然后锉削达到图样要求。

8）全部精度复检，并作必要的修整锉削。最后将各锐边均匀倒棱。

（2）锉配内六角形体。

1）按外六角形体的实际尺寸，在配锉件的正反两面划出内六角形体加工线，并用外六角形体校核。

2）在内六角形体中心扩钻或用排孔去除内六角形体余料。

3）粗锉内六角形体各面，至接近划线线条，每边留出 0.1～0.2 mm 作为细锉用量。

4）细锉内六角形体相邻的 3 个面。先锉第一面，要求面平直，并与基准大平面垂直，锉第二面达到第一面相同要求，并用 120°量角样板检查清角与 120°角度。锉第三面也要达到上述相同要求。锉时除用 120°量角样板检查外，还要用外六角形体作认面试配，检查 3 个面的 120°角度和边长情况，修锉到符合要求，3 个邻面都应该锉至接触正反两面的划线线条。

5）细锉 3 个邻面的各自对面，用同样方法检查达到本身 3 个面之间的要求，并认面定向将外六角形体的 3 组面用角部在内六角形体的正反两面试配，达到均能较紧地塞入（见图 6—11）。

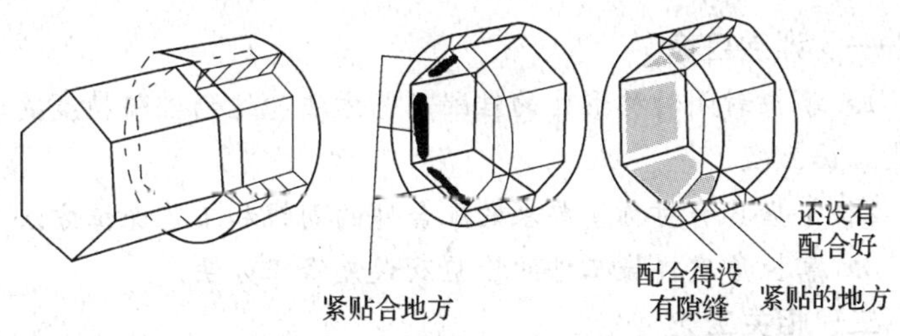

图 6—11　内六角形体试配的方法

a）试配的方法　b）整体试配开始时　c）整体试配结束前

6）用外六角形体作认面定向整体试配，利用透光法和涂色法来检查和精修各面，使外六角形体配入后达到透光均匀，推进推出滑动自如。最后作转位试配，按涂色修正，达到互换配合要求。

7）各棱边均匀倒棱，全部复查。

2. 注意事项

（1）划线要准确，线条要细而清楚，在连接各交点时要特别注意准确性。

（2）外六角形体是锉配的基准件，为达到转位互换配合精度，必须将外六角形体各项目的加工误差尽量控制在最小允差范围内。

（3）在锉内六角形体清角时，锉刀推出要慢而稳，紧靠邻边直锉，以防锉坏邻面或锉成混角。

（4）锉配时应认面定向进行，故必须做好标记，为取得转位互换配合精度，不能按配合情况修正外六角形体。当外六角形体必须修正时，应进行单件准确测量，找出误差后，加以适当修正。

（5）在锉配实习中，应着眼于锉削基本技能的训练，对使用的锉刀规格、锉削方法都应按学习要求进行。

综合训练　锉配角度样板

一、训练目标

1. 掌握封闭对称形体的锉配工艺方法，达到锉配精度要求，并能正反互换。

2. 掌握具有对称度要求的配合件的划线和工艺保证方法。

3. 掌握角度样板工件的检验及误差修正方法。

二、相关工艺

1. 锉配方法

（1）锉配时由于外表面比内表面容易加工，测量正确，易于达到较高精度，故一般应先加工凸件，然后锉配凹件。

（2）内表面加工时，为了便于控制，一般均应选择有关外表面作测量基准。因此，对外形基准面加工必须达到较高的精度要求，才能保证得到规定的锉配精度。

（3）锉配角度样板工件时，可锉制一副内、外角度检查样板（见图 6—12），作加工时测量角度用。

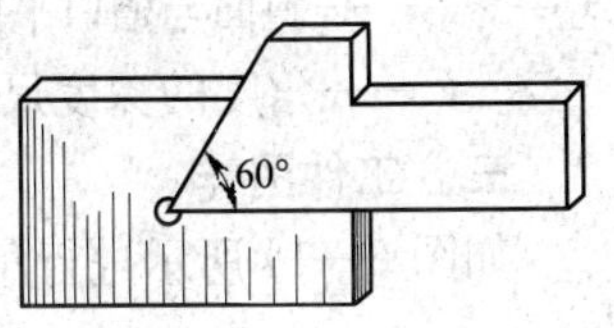

图 6—12　角度检查样板

（4）在作配合修锉时，可通过透光法和涂色法来确定其修锉部位和余量，逐步达到正确的配合要求。

2. 角度样板的尺寸测量

角度样板斜角锉削时的尺寸测量，一般都采用间接的测量法（见图 6—13）。其测量尺寸 M 与样板的尺寸 B、圆柱直径 d 之间有如下关系：

$$M = B + \frac{d}{2} \cdot \cot\frac{\alpha}{2} + \frac{d}{2}$$

式中　M——测量读数值，mm；

B——样板斜面与槽底的交点至侧面的距离，mm；

d——圆柱量棒的直径尺寸，mm；

α——斜面的角度值，°。

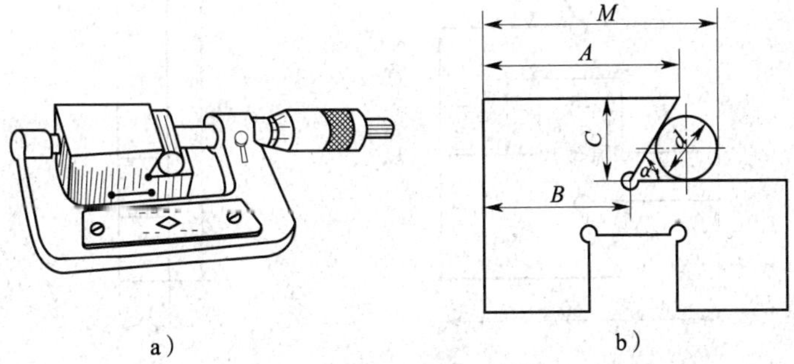

图 6—13　角度样板边角尺寸的测量

当要求尺寸为 A 时，则可按下式进行换算：

$$B = A - C \cdot \tan\alpha$$

式中 A——斜面与槽口平面的交点（边角）至侧面的距离，mm；

C——角度的深度尺寸，mm。

三、工件图样

如图 6—14 所示进行角度样板锉配。

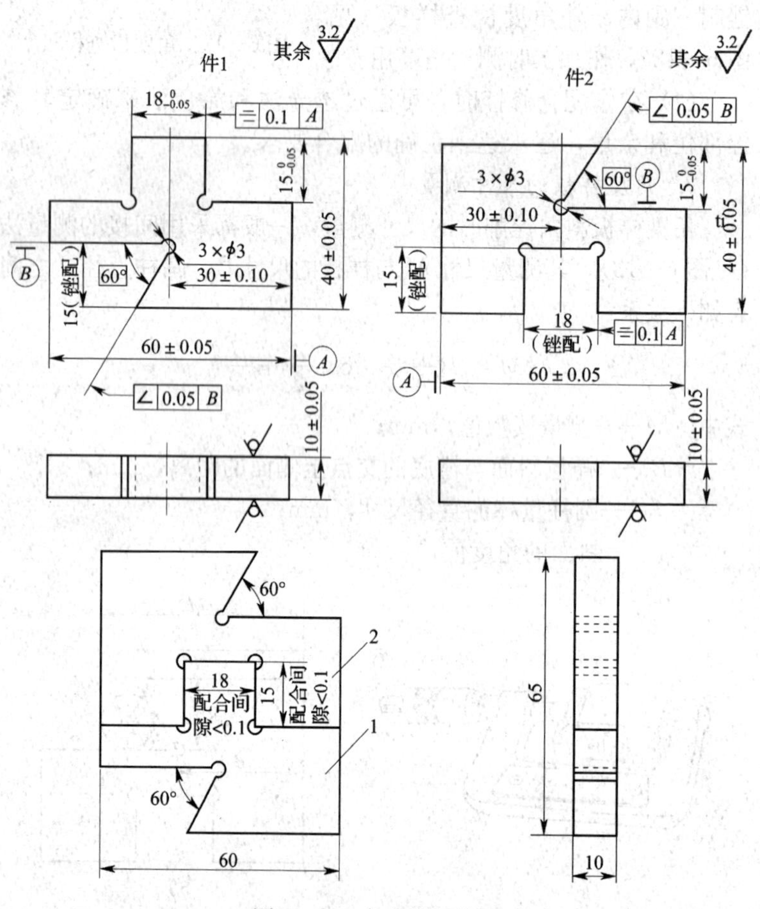

图 6—14　角度样板锉配

四、操作步骤

1. 按图样划外形加工线，锉件 1 和件 2，达到尺寸（40±0.05）mm、（60±0.05）mm 和垂直度要求。

2. 划件 1 和件 2 的全部加工线，并钻 3×ϕ3 mm 工艺孔。

3. 加工件 1 凸形面。按划线锯去垂直一角余料，粗锉、细锉两垂直面。根据 40 mm 处的实际尺寸，通过控制 25 mm 处的尺寸误差值（本处应控制在 40 mm 处的实际尺寸减去 $15_{-0.05}^{0}$ mm 的范围内），从而保证 $15_{-0.05}^{0}$ mm 的尺寸要求。通过控制 39 mm 的尺寸误差值［本处应控制在（1/2）×60 mm 处的实际尺寸加 $9_{-0.05}^{+0.025}$ mm 的范围内］，从而保证在取得尺寸 $18_{-0.05}^{0}$ mm 的同时，又能保证其对称度误差在 0.1 mm 内。

按划线锯去另一侧一垂直角余料，用上述方法控制并锉对尺寸 $15_{-0.05}^{0}$ mm，直接测量锉对 $18_{-0.05}^{0}$ mm 尺寸。

4. 加工件 2

（1）用钻头钻出排孔，并锯除凹形面的多余部分，然后粗锉至接近线条。

（2）细锉凹形顶端面，根据 40 mm 的实际尺寸，通过控制 60 mm的尺寸误差值（与凸形面的两垂直面一样控制尺寸），从而保证达到与凸形件端面的配合精度要求。

（3）细锉两侧垂直面，两面同样根据外形 60 mm 和凸形面 18 mm的尺寸误差，通过控制 18 mm 的尺寸误差值，从而保证达到与凸形件端面的配合精度要求，又能保证其对称度在 0.1 mm 内。

（4）用件 1 凸形面锉配，达到配合间隙小于 0.1 mm。凹、凸配合处的位置精度，达到对称度 0.1 mm 的要求。

（5）然后按划线锯去 60°角度余料，锉削并按前述方法控制 25 mm 的尺寸误差，达到 $15_{-0.05}^{0}$ mm 的尺寸要求。再用 60°角度样板检验锉准 60°角度，并用 0.05 mm 塞尺检查，达到配合间隙小于 0.05 mm 的要求。再用圆柱间接测量，按前述公式求出测量的规定读数，控制达到（30±0.1）mm的尺寸要求。

5. 再加工件1

按划线锯去60°角度余料，照件2锉配，达到角度配合间隙不大于0.1 mm。同时用圆柱间接测量，来控制达到（30±0.1）mm尺寸要求。

6. 锐边全部倒棱，检查精度。

五、注意事项

1. 因采用间接测量来达到尺寸要求值和要求的精度，故必须进行正确换算和测量，才能得到实际所要求的精度。

2. 在整个加工过程中，加工面都比较狭窄，但一定要锉平和保证与大平面的垂直，才能达到配合精度。

3. 凸形面加工，为了保证对称度精度，只能先去掉一端角料，待加工至规定要求后才能去掉另一端角料。同样只许在凸形面加工结束后，才能去掉60°角度余料，完成角度锉削，以保证加工时便于测量控制。

4. 在锉配凹形面时，必须先锉一凹形侧面，根据60 mm处的实际尺寸通过控制21 mm处的尺寸误差值［本处为（1/2）×60 mm处的实际尺寸减凸形面（1/2）×18 mm处的实际尺寸加1/2间隙值］，来达到配合后的对称度要求。

5. 凹凸锉配时，应按已加工好的凸形面先锉配凹形两侧面，后锉配凹形端面。在锉配时一般不再加工凸形面，否则会使其失去精度而无基准，也会使锉配难以进行。

第七单元　刮　　削

模块一　刮刀刃磨与热处理

一、训练目标

1. 了解刮削的特点和应用。

2. 了解刮刀的种类、结构和平面刮刀的尺寸及几何角度。

3. 能进行平面刮刀的热处理和刃磨。

二、相关知识

1. 校准工具

(1) 校准工具。刮削的校准工具多由专业厂家生产制造，如图 7—1 所示，有校准直尺和角度直尺及校准平板。检验曲面刮削的质量常用与其配合的轴作为校准工具。

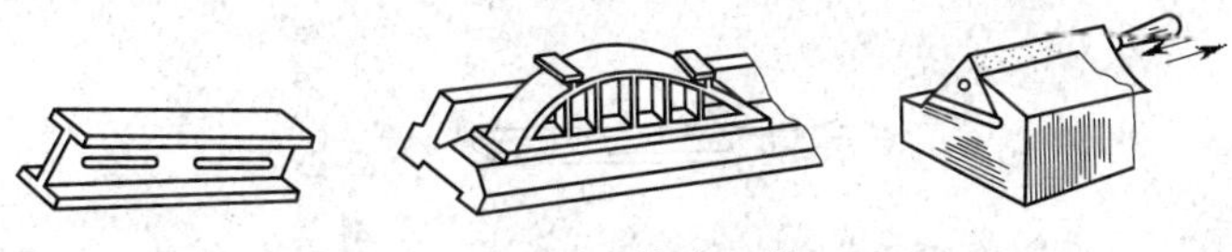

图 7—1　校准工具

(2) 油石。油石用来磨刮刀，使用前用油泡几天。油石磨刀时要随时洒水，表面不能有金属屑，如有应用煤油洗净。

(3) 显示剂。常用显示剂有红丹粉（分铁丹和铅丹）和蓝油。红丹粉用机油调和，用于铸铁和钢件。蓝油由普鲁士蓝粉和蓖麻油加适量机油调和而成，用于铜、巴氏合金等软金属。

2. 刮刀的种类和规格

刮刀分平面刮刀和曲面刮刀两大类。一般用 T12A 碳素工具钢或 GCr15 轴承钢锻制而成。刮削硬度较高的工件时，可在刀头部分焊上硬质合金。

（1）平面刮刀（见图 7—2）。平面刮刀有整体式和镶嵌式两种，按刮削形式的不同，分手刮刀和挺刮刀两种。根据刮削表面精度要求的不同，可分为粗刮刀、细刮刀和精刮刀 3 种，刮刀的尺寸见表 7—1。

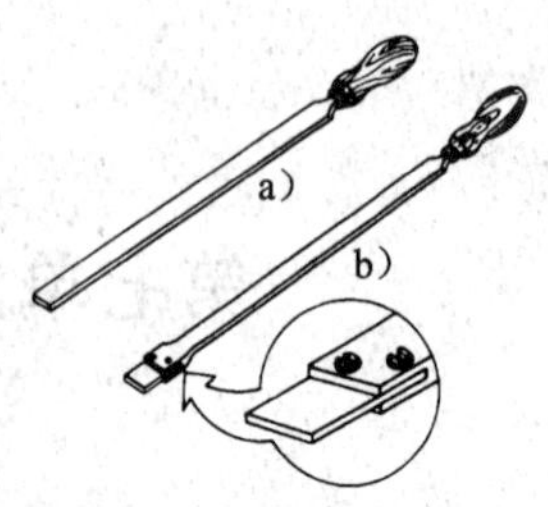

图 7—2 平面刮刀

a）整体式手刮刀 b）镶嵌式手刮刀

表 7—1 平面刮刀的规格 mm

	全长（L）	宽度（B）	厚度（e）	活动头长度（l）
粗刮刀	450～600	25～30	3～4	100
细刮刀	400～500	15～20	2～3	80
精刮刀	400～500	10～12	1.5～2	70

（2）曲面刮刀。曲面刮刀（见图 7—3）有三角刮刀、蛇头刮刀和圆头刮刀 3 种，用来刮削内曲面，如滑动轴承内孔、轴瓦等。

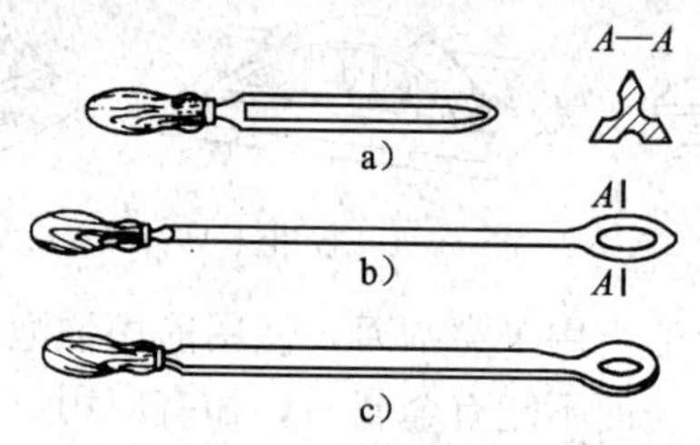

图 7—3 曲面刮刀

a）三角刮刀 b）蛇头刮刀 c）圆头刮刀

3. 平面刮刀的刃磨和热处理

（1）平面刮刀的几何角度。刮刀的角度按粗刮、细刮、精刮的要求而定（见图 7—4）。粗刮刀的角度为 90°～92.5°，刀刃平直；细刮刀的角度为95°左右，刀刃稍带圆弧；精刮刀的角度为97.5°左右，刀刃带圆弧；刮韧性材料的刮刀，可磨成正前角，但这种刮刀只适于粗刮。刮刀应平整光洁，刃口无缺陷。

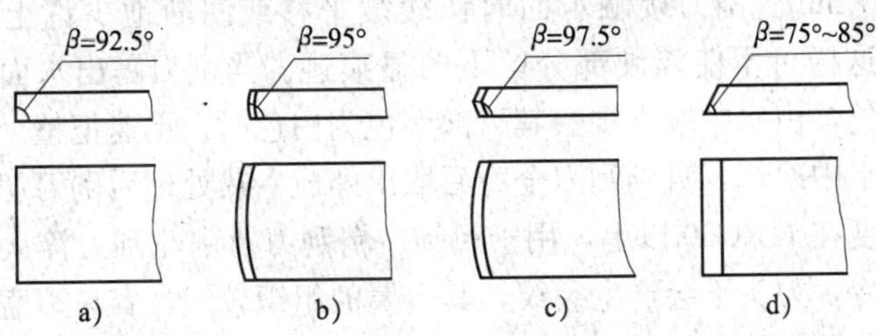

图 7—4　平面刮刀的几何角度

a）粗刮刀　b）细刮刀　c）精刮刀　d）刮韧性材料的刮刀

（2）粗磨。粗磨时分别将刮刀两平面贴在砂轮侧面上，开始时应先接触砂轮边缘，再慢慢平放在侧面上，不断地前后移动进行刃磨（见图 7—5a），使两面都达到平整，即在刮刀全宽上用肉眼看不出有显著的厚薄差别。然后粗磨顶端面，把刮刀的顶端放在砂轮轮缘上平稳地左右移动刃磨（见图 7—5b），要求端面与刀具中心线垂直，磨时应先以一定倾斜度与砂轮接触（见图 7—5c），再逐步按箭头方向转动至水平。如直接按水平靠上砂轮，刮刀会颤抖，不易磨削，甚至会出事故。

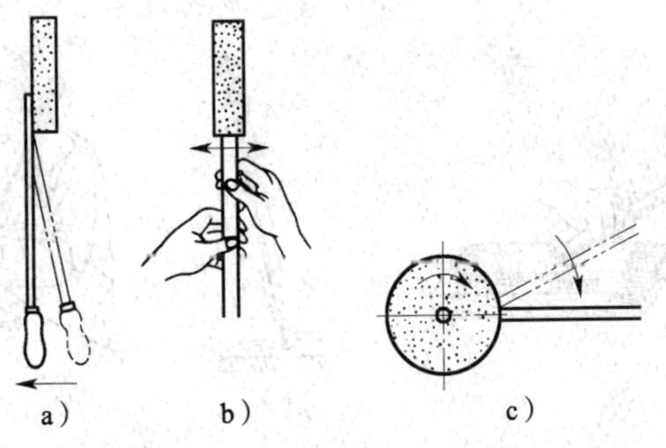

图 7—5　平面刮刀在砂轮上粗磨

(3) 热处理。将粗磨好的刮刀，放在炉火中缓慢加热到780～800℃（呈樱红色），加热长度为25 mm左右，取出后迅速放入冷水中（或浓度10%的盐水中）冷却，浸入深度约为8～10 mm。刮刀接触水面时作缓缓平移或间断地少许上下移动，这样可不使淬硬部分留下明显痕迹。当刮刀露出水面部分呈黑色，由水中取出观察其刃部颜色为白色时，迅速把整个刮刀浸入水中冷却，直到刮刀全冷后取出即成。热处理后刮刀切削部分硬度在HRC60以上，用于粗刮。精刮刀及刮花刮刀淬火时可用油冷，刀头不会产生裂纹，其金属的组织较细，容易刃磨，切削部分硬度接近HRC60。

(4) 细磨。热处理后的刮刀要在细砂轮上细磨，使其基本达到刮刀的形状和几何角度。刮刀刃磨时必须经常蘸水冷却，避免刀口部分退火。

(5) 精磨。刮刀精磨须在油石上进行。操作时在油石上加适量机油，先磨两平面（见图7—6a）直至平整，$R_a<0.2\ \mu m$。然后精磨端面（见图7—6b），刃磨时左手扶住手柄，右手紧握刀身，使刮刀直立在油石上，略带前倾（前倾角度根据刮刀β角的不同而定）地向前推移，拉回时还可将刮刀上部靠在肩上，两手握住刀身，向后拉动来磨锐刃口，而向前时则将刮刀提起（见图7—6c）。

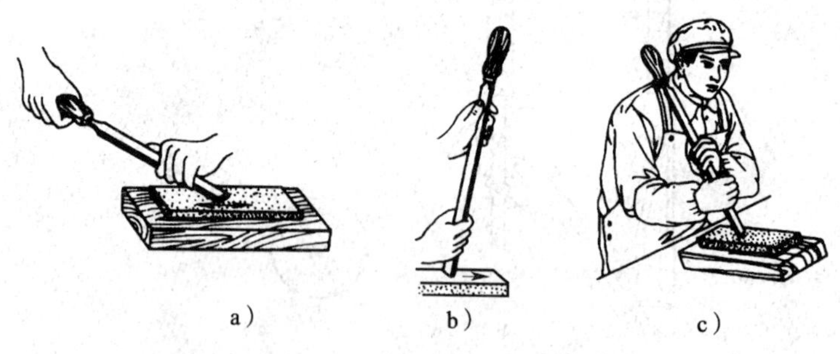

图7—6 刮刀在油石上精磨

三、平面刮刀刃磨和热处理实例

如图 7—7 所示对平面刮刀进行刃磨和热处理。

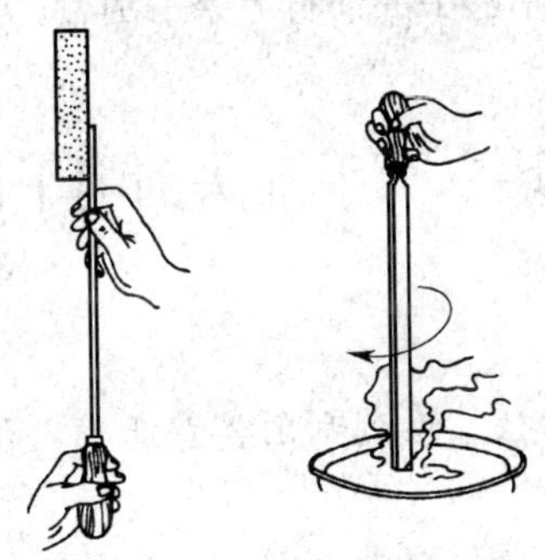

图 7—7　平面刮刀刃磨和热处理

1. 操作步骤

（1）将锻打后的刮刀在砂轮上磨去锐棱与锋口。

（2）在砂轮上粗磨刮刀平面和顶端面。

（3）热处理淬火。

（4）在砂轮上细磨刮刀平面和顶端面。

（5）在油石上精磨平面和顶端面。

（6）试刮工件，如刮出的工件表面有丝纹，不光洁，应重新修磨。

2. 注意事项

（1）在粗磨平面时，必须使刮刀平面稳固地贴在砂轮的侧面上，每次磨削应均匀一致，否则会使磨出的平面不平，以致多次刃磨使刮刀磨薄。

（2）淬火温度是通过刮刀加热时的颜色控制的，因此，掌握好樱红色的特征即可。加热温度太低，刮刀不能淬硬；加热温度太高，会使金属内部组织的晶粒变得粗大，刮削时易出刮纹。

（3）刃磨刮刀平面与端面的油石，应分开使用，刃磨时不可将油石磨出凹槽，其表面不应有砂粒和铁屑等杂质。

（4）刃磨刮刀平面和端面时，可将刮刀刃口与油石轴线成一定角度，这样可在不够平的油石上磨平刮刀。

模块二　手刮法刮削平面

一、训练目标

1. 掌握手刮方法，做到刮削姿势正确，用力正确，刀迹控制准确。

2. 掌握用基准平板研点方法。

3. 能合理选择和应用工具。

4. 达到无深撕痕和振痕，刀迹长度约 6 mm、宽度约 5 mm，并整齐一致，接触点均匀，每 25 mm×25 mm 面积上有 8～12 点的细刮要求。

5. 熟悉刮削操作的安全知识，做到文明生产。

二、相关知识

1. 平面刮削方法

（1）手刮法。如图 7—8 所示，刮削时右手握刮刀柄，左手四指向下蜷曲握住刮刀距头部约 50 mm 处，刮刀和刮面成 25°～30°，左脚向前跨一步，上身随着推刮而向前倾斜以增加左手压力，便于看清刮刀前面的研点情况。右臂利用上身摆动使刮刀向前推进，在推进的同时，左手下压，引导刮刀前进，当推进到所需距离后，左手迅速提起，这样就完成了一个手刮动作。这种刮削方法动作灵活、适应性强，适合于各种工作位置，对刮刀长度要求不太严格，姿势可合理掌握，但手易疲劳。因此，不宜在加工余量较大的场合采用。

（2）挺刮法。如图 7—9 所示，刮削时将刮刀柄放在小腹右下侧，双手握住刀身，左手在前，握于距刮刀刃约 80 mm 处，右手在后。刀刃对准研点，左手下压，利用腿部和臀部的力量将刮刀向前推进，当推进到所需距离后，用双手迅速将刮刀提起，这样就完成了一个挺刮动作。由于挺刮法用下腹肌肉施力，每刀切削量较大。因此，适合大余量的刮削，工作效率较高，但需要弯曲身体操作，故腰部易疲劳。

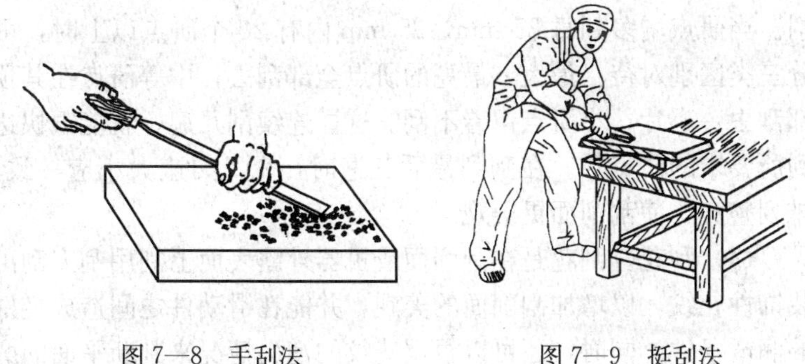

图 7—8 手刮法　　图 7—9 挺刮法

2. 平面刮削的步骤

可按粗刮、细刮、精刮和刮花 4 个步骤进行。

(1) 粗刮。当加工表面有明显的加工刀痕、严重锈蚀或刮削余量较大（0.05 mm 以上）时，就需要进行粗刮。刮削时采用连续推铲方法，刮削的刀迹连成长片。在整个刮削平面上均匀地刮削，不能出现中间高、边缘低的现象。当刮削到每 25 mm×25 mm 内有 2～3 个研点时，粗刮即可结束，转入细刮。

(2) 细刮。用细刮刀在刮削面上刮去稀疏的大块研点，进一步改善不平现象。刮削时采用短刮法（刀迹长度约为刀刃的宽度），随着研点的增多，刀迹逐步缩短。在刮第一遍时，刀痕的方向应一致；刮第二遍时，要交叉刮削，以消除原方向的刀迹。在刮削过程中，要防止刮刀倾斜，以免将刮削面划出深痕。对发亮的研点要刮重些，对暗淡的研点则刮轻些，直至显示出的研点轻重均匀。在整个刮削面上，每 25 mm×25 mm 内出现 12～15 个研点时，即可进行精刮。

(3) 精刮。在细刮的基础上，进一步增加刮削表面的显点数量，使工件符合预期的精度要求。刮削时，用精刮刀采用点刮法（刀迹小，如同显示出的小研点）。精刮时，落刀要轻，提刀要快，在每个刮点上只刮一刀，不应重复，并始终交叉地进行刮削。当研点增多到每 25 mm×25 mm 内有 20 个研点以上时，可分三类区别对待：最大、最亮的研点全部刮去；中等研点在其顶部刮去一小片；小研点留着不刮。这样连续刮几遍，就能很快达到所要求的研点数。在刮到最后三遍时，交叉刀迹大小应一致，排列整齐，使刮削面更美观。

(4) 刮花。刮花是在刮削面或机器外露表面上利用刮刀刮出装饰性花纹，以增加刮削面的美观，并能在滑动件之间造成良好的润滑条件。同时，还可以根据花纹的消失情况来判断平面的磨损程度。在接触精度要求高、研点要求多的工件上，不应该刮成大块花纹，否则不能达到所要求的刮削精度。一般常见的花纹有以下几种：

1）斜纹花纹，即小方块（见图 7—10a），它是用精刮刀与工件边成 45°方向刮成的。花纹的大小，按刮削面大小而定。刮削面大，刀花可大些；刮削面小，刀花可小些。为了排列整齐和大小一致，可用软铅笔划成格子，一个方向刮完再刮另一个方向。

2）鱼鳞花纹，常称为鱼鳞片，如图 7—10b 所示，先用刮刀的右边（或左边）与工件接触，再用左手把刮刀逐渐压平并同时逐渐向前推进，即左手向下压的同时，还要把刮刀有规律地扭动一下，扭动结束即推动结束，立即起刀，这样就完成了一个花纹。如此连续地推扭，就能刮出鱼鳞花纹来。如果要从交叉两个方向都能看到花纹的反光，就应该从两个方向起刮。

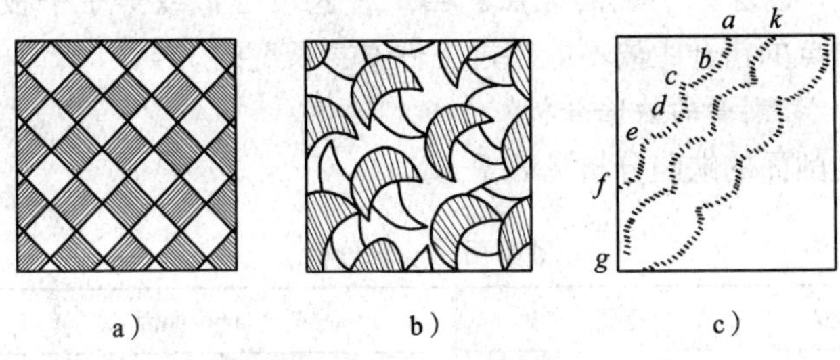

图 7—10　刮花的花纹

a）斜纹花纹　b）鱼鳞花纹　c）半月花纹

3）半月花纹，在刮这种花纹时，刮刀与工件成 45°左右。刮刀除了推挤外，还要靠手腕的力量扭动。以图 7—10c 中一段半月花纹 *edc* 为例，刮前半段 *ed* 时，将刮刀从左向右推挤，而刮后半段 *dc* 靠手腕的扭动来完成。连续刮下去就能刮出 *f* 到 *a* 一行整齐的花纹。刮 *g* 到 *k* 一行则相反，前半段从右向左推挤，后半段靠手腕从左向右扭动。这种刮花操作，要有熟练的技巧才能进行。

3. 显示剂的应用

常用显示剂有红丹粉和蓝油。红丹粉用机油调和，用于铸铁和钢件；蓝油，由普鲁士蓝粉和蓖麻油加适量机油调和而成，用于铜、巴氏合金等软金属。粗制时可调得稀些，涂层可略厚些，以增加显点面积；精刮时应调得稠些，涂层应薄而均匀，从而保证显点小而清晰。刮削临近符合要求时，显示剂涂层应更薄，只把工件上在刮削后的剩余显示剂涂抹均匀即可。显示剂在使用过程中应注意清洁，避免砂粒、铁屑和其他污物划伤工件表面。

4. 显示研点方法

用标准平板作涂色显点时，平板应放置稳定。工件表面涂色后放在平板上，均匀地施加适当压力，并作直线或回转研点运动。粗刮研点时移动距离可略长些，精刮研点时移动距离应小于

30 mm，以保证准确的显点。当工件长度近似或等于平板长度时，研点的错开距离不能超过工件本身长度的1/4。

5. 刮削面的缺陷分析

刮削面的缺陷分析见表7—2。

表7—2　　刮削面的缺陷分析

缺陷形式	特征	产生原因
深凹痕	刀迹太深，局部显点稀少	①粗刮时用力不均匀，局部落刀太重 ②多次刀痕重叠 ③刀刃圆弧过小
梗痕	刀迹单面产生刻痕	刮削时用力不均匀，使刃口单面切削
撕痕	刮削面上呈粗糙刮痕	①刀刃不光洁、不锋利 ②刀刃有缺口或裂纹
落刀痕或起刀痕	在刀迹的起始处产生了深的刀痕	落刀时，左手压力较大和动作速度较快及起刀不及时
振痕	刮削面上呈有规则的波纹	多次同向切削，刀迹没有交叉
划道	刮削面上划有深浅不一的直线	显示剂不清洁，或研点时有砂粒、铁屑等杂物
切削面精度不高	显点变化情况无规律	①研点时压力不均匀，工件外露太多而出现假点子 ②研具不正确 ③研点时放置不平稳

6. 正研刮的方法和步骤

先将3块平板单独进行粗刮，去除机械加工的刀痕和锈斑等。然后将3块平板分别编为1、2、3号，按编号次序进行刮削。步骤如图7—11所示。

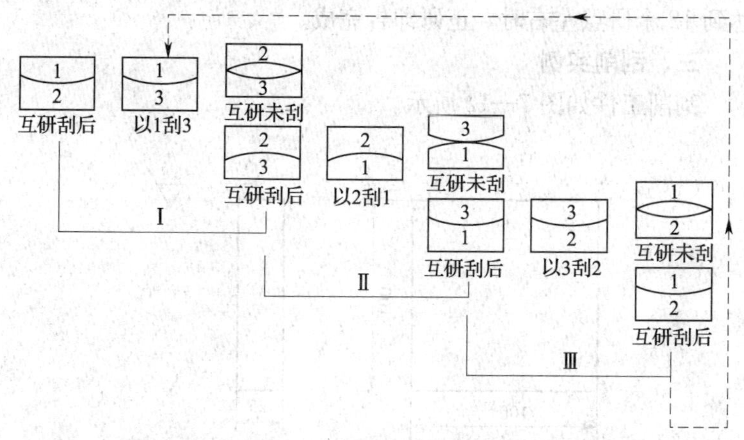

图 7—11 原始平板循环刮削法

(1) 一次循环。先以 1 号平板为过渡基准，与 2 号平板互研互刮，使 1、2 号平板贴合。再将 3 号平板与 1 号平板互研，单刮 3 号平板，使 3 号平板与 1 号平板贴合。然后，2 号平板与 3 号平板互研互刮，使 2 号平板与 3 号平板贴合。此时 2 号平板与 3 号平板的平面度误差已有所改进。

(2) 二次循环。在上一循环基础上，按顺序以 2 号平板为过渡基准，1 号平板与 2 号平板互研，单刮 1 号平板，然后 1 号平板与 3 号平板互研互刮至全部贴合，这时 3 号平板与 1 号平板的平面度误差又有所改善。

(3) 三次循环。在上一循环基础上，按顺序以 3 号平板为过渡基准，2 号平板与 3 号平板互研，单刮 2 号平板，然后 1 号平板与 2 号平板互研互刮至全部贴合，这时 1 号平板与 2 号平板的平面度误差又进一步得到改善。

以后重复上述 3 个顺序依次循环进行刮削，平面度误差逐渐减小。循环次数越多，则平板越精密。直到 3 块平板中任取 2 块对研，显点基本一致，即每块平板在每 25 mm×25 mm 面积内达到 12 个研点左右时，正研即告完成。

三、刮削实例

刮削工件如图 7—12 所示。

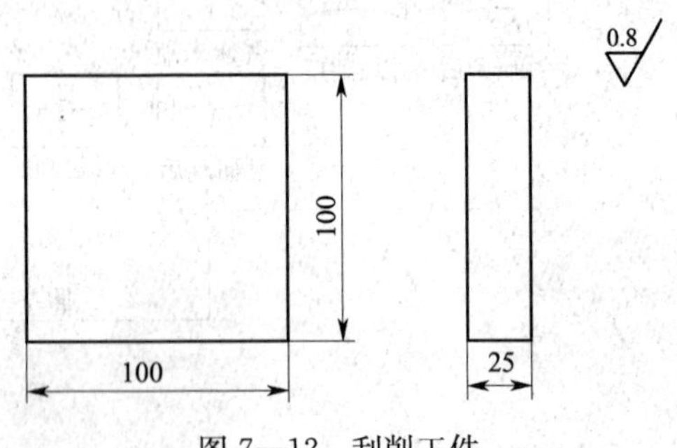

图 7—12　刮削工件

1. 刮削步骤

（1）来料检查。倒角去毛刺，在不加工面上刷漆。

（2）粗刮。采用连续推刮方法，刀迹连成长片，不可重复，纹路交叉地去除机械加工痕迹，涂色显点刮削，达到每 25 mm×25 mm 面积上有 4～8 点，且显点分布均匀。

（3）细刮。达到细刮刀迹长和宽的要求，应无明显丝纹、振痕等，接触点数在每 25 mm×25 mm 面积内有 8 点以上。刮削时应对硬点刮重些，软点刮轻些，纹路交叉，点子清晰均匀。

2. 注意事项

（1）操作姿势要正确，落刀和起刀正确合理，防止梗刀。

（2）涂色研点时，平板必须放置稳定，施力要均匀，以保证研点显示真实。同时在研点表面必须保持清洁，防止平板表面划伤拉毛。

（3）细刮时每个研点尽量做到只刮一刀，逐步提高刮点的准确性。

综合训练　平行面和垂直面的刮削

一、训练目标

1. 养成正确的刮削姿势，提高刮削技巧，进一步掌握粗刮、细刮、精刮要点。

2. 学会应用千分尺、百分表和标准圆柱测量刮削的尺寸、平行度及垂直度。

二、平行面和垂直面的刮削

1. 平行面的刮削

先以标准平板的平面作为基准，粗刮、精刮工件的一个平面，达到规定的刮削点数和表面质量的要求，然后以此面作为基准，刮削对面平行面。粗刮平行面时，应先用百分表测量该面对基准面的平行度误差，如图 7—13 所示，来确定刮削部位和刮削量，并结合涂色显点进行刮削，以保证该面的平行度要求。在初步取得平面度和平行度要求的条件下，可进入细刮阶段，这时主要根据涂色显点来确定刮削部位，同时仍需用百分表进行平行度测量，随时作必要的刮削修正，达到要求后可过渡到精刮阶段。这时主要按研点进行挑点精刮，以达到刮削点数和表面质量的要求，也应用百分表测量，以控制平行度始终在所要求的范围内。

2. 垂直面的刮削

垂直面的刮削方法与平行面的刮削相似，但刮削面与测量方法有所不同。首先用标准平板的平面作为基准，再刮削垂直面。选择较大的面作为垂直面，能提高刮削效率。刮削垂直面时，在标准平板上以标准圆柱光隙法进行测量，如图 7—14 所示。粗刮时主要靠垂直度测量来确定其刮削部位，并结合涂色显点进行刮削来取得平面度要求。精刮时主要按研点进行挑点刮削，并适当用 90°圆柱角尺测量，以保证垂直度控制在所要求的范围内。

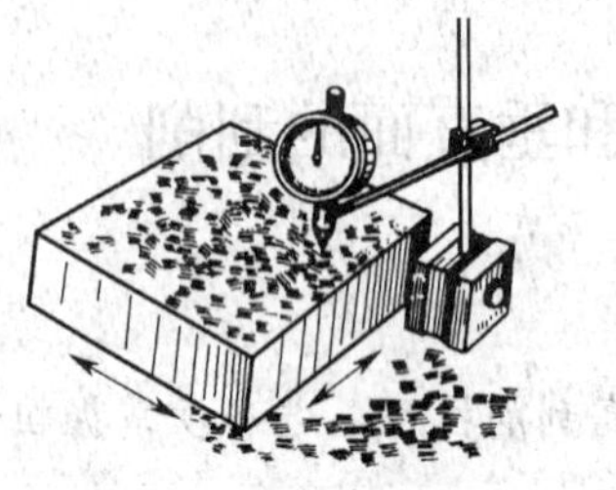

图 7—13　百分表测量平行度

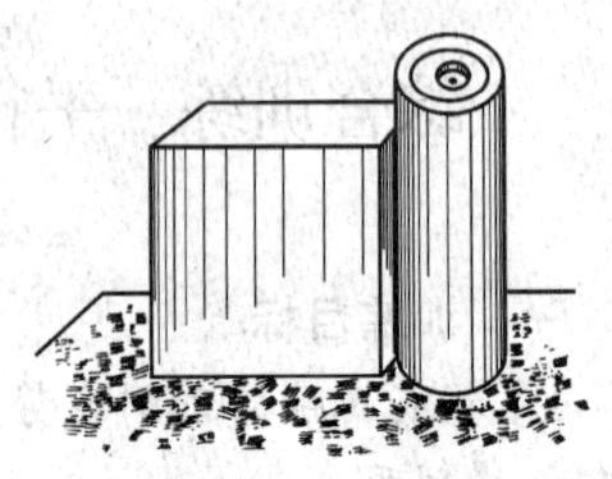

图 7—14　垂直度测量方法

三、工件图样

如图 7—15 所示进行刮削。

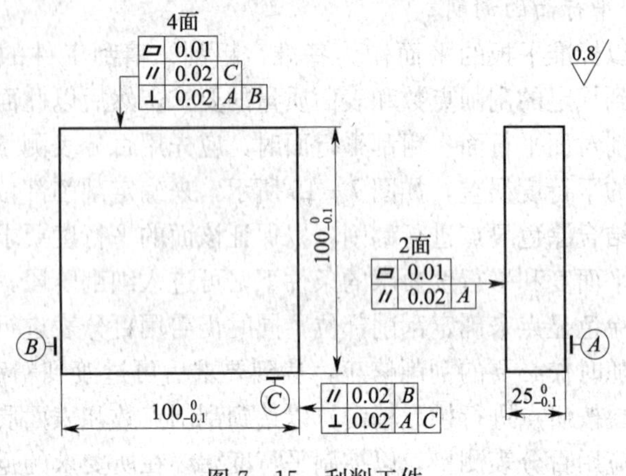

图 7—15　刮削工件

四、刮削步骤

1. 各棱边倒角 C1。

2. 测量来料尺寸和各面的位置误差，掌握加工余量，正确进行刮削加工。

3. 粗刮、精刮 2 个大平面，达到图样要求。

4. 粗刮、精刮 4 个侧面，达到图样要求。

5. 全面复验修整。

五、注意事项

1. 不要因为接触点不均匀，就在研点时不恰当地增加局部压力，使显点不正确。

2. 要掌握好接触点的分布误差与垂直度误差、平行度误差的不同情况，防止刮削修整的盲目性和片面性。

3. 每刮一面应兼顾其他各有关表面，以保证各项技术指标都达到要求，避免因修整某一面而影响其他面的精度。

4. 正确掌握粗刮到精刮的过渡，既保证精度要求又提高刮削效率。

5. 加工时应取中间公差值，以保证精度要求和提高刮削效率。

6. 测量时要认真细致，测量基准面和被测表面必须擦拭干净，保证测量的可靠性和准确性。

第八单元　研　　磨

一、训练目标

1. 了解研磨的特点。

2. 掌握研磨的方法。

3. 掌握粗研磨、精研磨时研磨粉的粒度。

4. 能够控制工作压力和运动速度。

二、相关知识

1. 研磨的概念

研磨是使用工具和研磨剂，从工件上研去一层极薄表面层的精加工方法。

2. 研磨的特点

(1) 使工件的表面粗糙度细化。一般经研磨加工后的表面粗糙度值为 0.1～1.6 μm，最细的可达到 0.005～0.012 μm。

(2) 提高工件的尺寸精度。经研磨后的工件，其尺寸精度可达 0.001～0.005 mm。

(3) 使工件能获得准确的几何形状和位置精度。一般经研磨后，形位误差可小于 0.005 mm。

3. 研磨余量

一般研磨余量在 0.005～0.03 mm 范围内比较合适，应视工件加工面的大小、精度要求的高低和研磨条件的不同进行合理选择。

4. 研磨工具

平面研磨通常都采用标准平板，精研磨时用精密无槽平板，如图 8—1a 所示，粗研磨时，平板上可开槽，如图 8—1b 所示，以免过多的研磨剂浮在平板上而影响研磨效果。

5. 研磨剂

研磨剂是由磨料和研磨液调和而成的混合剂。

(1) 磨料。磨料在研磨中起主要的切削作用。粗研磨钢件或铸铁件时可用棕刚玉或白刚玉，精研磨时可用氧化铬。粗研磨硬质合金时应选用绿色碳化硅。精研磨时最好用金刚石磨料。粗研磨时可用磨粉，精研磨时用微粉。

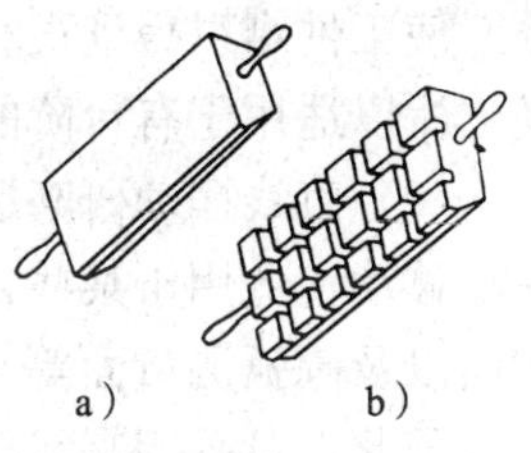

8—1　研磨工具

a) 精研磨平板　b) 粗研磨平板

(2) 研磨液。研磨液在研磨中起调和磨料、冷却和润滑作用。常用的研磨液有煤油、汽油、机油、工业用甘油、汽轮机油及熟猪油等。

6. 研磨平面的方法

手工研磨时，要使工件表面各处都受到均匀的切削，选择合理的运动轨迹，对提高研磨效率、工件的表面质量和研具的使用寿命都有直接的影响。

手工研磨运动轨迹的形式一般采用直线、直线摆动、螺旋形、8 字形和仿 8 字形等几种，如图 8—2 所示。

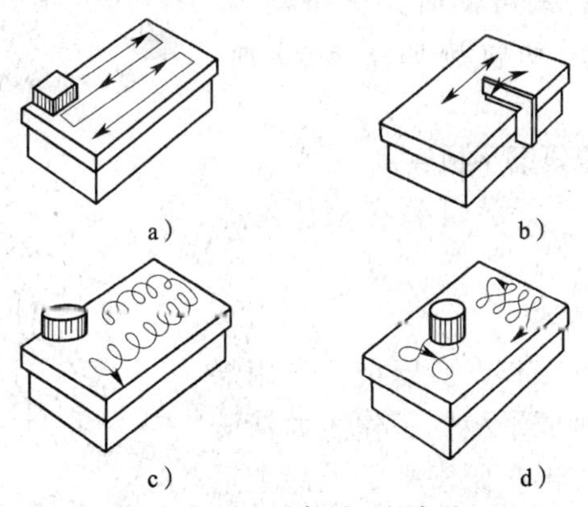

图 8—2　研磨平面的方法

a)直线运动轨迹　b)直线摆动运动轨迹　c)螺旋形运动轨迹　d)8 字形运动轨迹

（1）直线研磨运动的轨迹由于不能相互交叉，容易直线重叠。使工件难以得到很小的表面粗糙度，但可获得较高的几何精度，所以适用于有台阶的狭长平面的研磨。

（2）直线摆动研磨运动轨迹，即在左右摆动的同时，作直线往复移动，适用于某些量具的研磨（如双斜面直尺、90°角尺的侧面以及圆弧测量面等）。因为这些量具主要要求的是平面度误差。因此，可采用直线摆动研磨运动轨迹。

（3）螺旋形研磨运动轨迹在研磨圆片或圆柱形工件的端面时较多采用。这种运动轨迹能获得较小的表面粗糙度和较小的平面度误差，其运动轨迹如图 8—3 所示。

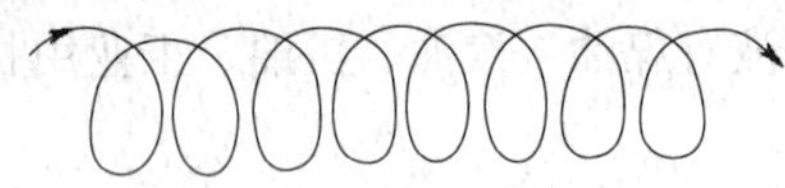

图 8—3 螺旋形研磨运动轨迹

（4）研磨小平面工件，通常采用 8 字形或仿 8 字形研磨运动轨迹。这两种运动轨迹能使相互研磨的面保持均匀接触，既有利于提高工件的研磨质量，又可使研具保持均匀地磨损，其运动轨迹如图 8—4 所示。

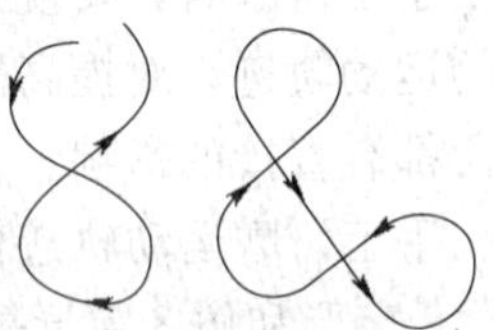

图 8—4 8 字形或仿 8 字形研磨运动轨迹

三、有槽研磨平板实例

如图 8—5 所示研磨有槽研磨平板。

1. 研磨步骤

（1）准备工作。研磨前，先用煤油或汽油把研磨平板的工作表面清洗干净并擦干，再在研磨平板上涂上适量的研磨剂。然后把已去除毛刺并清

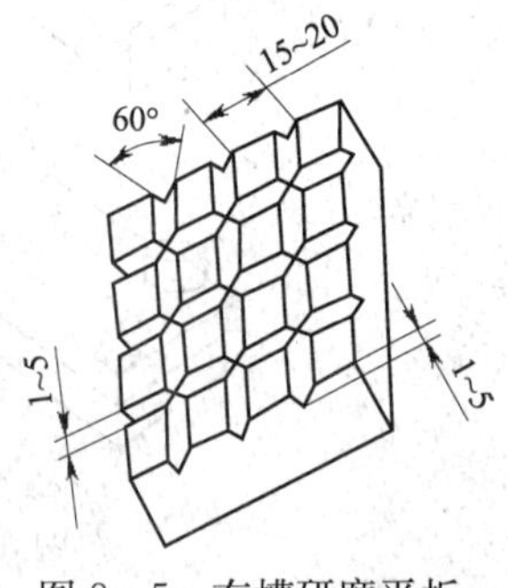

图 8—5 有槽研磨平板

洗过的工件需研磨的表面合在研磨平板上。沿研磨平板的全部表面（使研磨平板的磨损均匀），以 8 字形或螺旋形的旋转和直线运动相结合的方式进行研磨，并不断地变换工件的运动方向，由于周期性的运动，使磨料不断在新的方向起作用，工件就能较快达到所需要的精度要求。

（2）精研磨。精研磨时的运动形式与粗研磨时大致相同，采用压砂平板，研磨粉选用 W5 或 W7。精研磨时的工作压力约为 $(1\sim5)\times10^{5}$ Pa，其往复运动速度约为每分钟 30 次。表面粗糙度值应达到 0.025 μm。

2. 注意事项

（1）粗研磨、精研磨时选择不同粒度的研磨粉。

（2）控制好粗研磨、精研磨时的工作压力和运动速度。

（3）选择正确的运动轨迹。

（4）质量检验时应注意自然光的走向，标准直尺的精度应高于刀口直尺。

综合训练　研磨 90°角尺

一、训练目标

1. 正确选用和配制研磨剂。

2. 掌握平面研磨的正确方法。

3. 保证90°角尺的研磨精度。

二、工件图样

90°角尺的形状，如图 8—6 所示，是测量工件垂直度的一种量具。90°角尺需要研磨 4 个面，其中，A 面和 C 面、B 面和 D 面垂直度误差小于 0.05 mm。A 面和 B 面、C 面和 D 面平行度误差小于 0.02 mm。C 面平面度和直线度误差要求为 3 μm，A 面平面度误差要求为 5 μm。

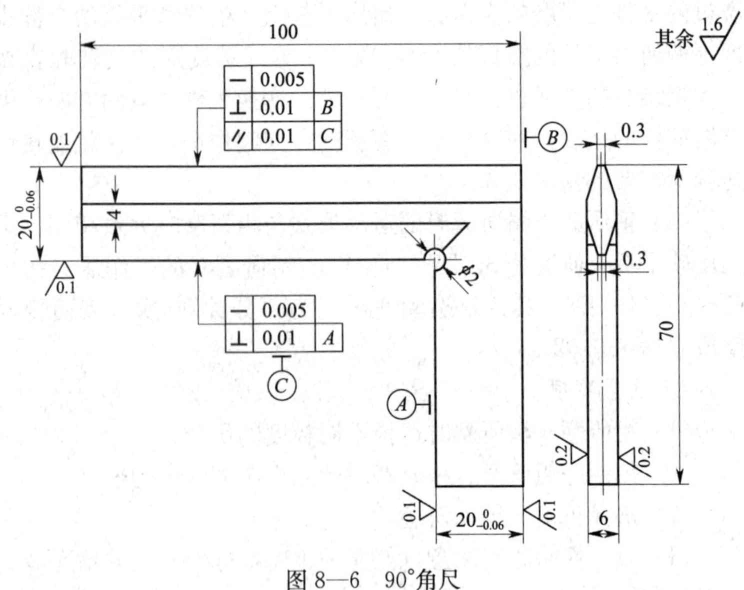

图 8—6　90°角尺

三、研磨步骤

1. 练习研磨

选用 100# ～280# 研磨粉对 90°角尺两平面做粗研磨练习，要求全部研磨到表面粗糙度值小于等于 0.4 μm 为止。

2. 用方铁导靠块作导靠，粗研磨、精研磨尺座内侧和尺瞄内侧刀口面，达到两面垂直度为 0.01 mm、直线度为 0.005 mm、表面粗糙度值小于等于 0.1 μm 的要求。

3. 仍用方铁导靠块作导靠，粗研磨、精研磨尺座外侧和尺瞄外侧刀口面，达到两面垂直度为 0.01 mm、直线度为 0.005 mm、平行度为 0.01 mm、表面粗糙度值小于等于 0.1 μm 的要求。

四、注意事项

1. 粗研磨、精研磨工作要分开进行，若粗研磨、精研磨采用同一块平板作研具，在改变研磨工序时，必须全面清洗，以清除上道工序留下的较粗磨料。

2. 研磨剂每次上料不宜太多，并要分布均匀，以免研坏工件边缘。

3. 研磨时要特别注意清洁工作，不要使研磨剂中混入杂质，以免反复研磨时划伤工件表面。

4. 窄平面研磨要采用导靠块，研磨时工件必须靠紧，才能保持研磨平面与侧面垂直，不产生倾斜和圆角。

5. 应经常改变工件在研具上的研磨位置，以防止研具因磨损而降低研磨质量。同时，为了使工件均匀受压，应在研磨一段时间后，将工件调头进行研磨。

6. 刀口面采用直线摆动研磨，使刀口研磨成圆弧面。

第九单元　模具制作及装配

模块一　冷冲模的组成及装配

一、训练目标

1. 了解装配工艺的规程及装配精度的方法。

2. 了解模具的构造及装配方法。

二、相关知识

1. 装配前的准备工作

(1) 研究和熟悉产品装配图、工艺文件及技术要求；了解产品的结构、零件的作用以及相互的连接关系，并对装配零部件配套的品种及其数量加以检查（如标准件、外购件等）。

(2) 确定装配的方法、顺序和准备所需的工具。

(3) 对装配零件进行清洗和清理，去掉零件上的毛刺、锈蚀、切屑、油污及其他脏物，以获得所需的清洁度。

(4) 对有些零部件还需进行刮削等修配工作，有的要进行平衡试验、渗漏试验和气密性试验等。

2. 装配工作

比较复杂产品的装配工作应分为部装和总装两个过程。

(1) 部装是指产品在进入总装以前的装配工作。凡是将两个以上的零件组合在一起或将零件与几个组件结合在一起，成为一个装配单元的工作，都可以称为部装。

把产品划分成若干装配单元是缩短装配周期的基本措施。因为划分成若干个装配单元后，可在装配工作上组织平行装配作业，扩大装配工作面，而且能使装配按流水线组织生产，或便于协作生产。同时，各装配单元能预先调整试验，各部分以比较完善的状态送去总装，有利于保证产品质量。

(2) 总装是把零件和部件装配成最终产品的过程。产品的总装通常是在工厂的装配车间（或装配工段）内进行。但在某些场合下（如重型机床、大型汽轮机和大型泵等），产品在制造厂内只进行部装工作，而在产品安装的现场进行总装工作。

3. 调整、精度检验和试机

(1) 调整工作是指调节零件或机构的相互位置、配合间隙、结合松紧等。其目的是使机构或机器工作协调，如轴承间隙、镶条位置、蜗轮轴向位置的调整等。

(2) 精度检验包括工作精度检验、几何精度检验等。如车床总装后要检验主轴中心线和机床导轨的平行度误差、中滑板导轨和主轴中心线的垂直度误差以及前后两顶尖是否等高等。工作精度检验一般指切削试验，如车床要进行车圆柱或车端面试验。

(3) 试机包括机构或机器运转的灵活性、工作温升、密封、振动、噪声、转速、功率和效率等方面的检查。

4. 喷漆、涂油、装箱

喷漆是为了防止不加工面的锈蚀和使机器外表美观。涂油是使工作表面及零件已加工表面不生锈。装箱是为了便于运输。它们都需在结合装配工序进行。

5. 装配方法

为了保证机器的工作性能和精度，在装配中必须达到零部件相互配合的规定要求。根据产品的结构、生产条件和生产批量的不同，为保证规定的配合要求，一般可采用以下 4 种装配方法：

(1) 互换装配法。在装配时，各配合零件不经修配、选择或调整即可达到装配精度的装配方法，称互换装配法。按互换装配法进行装配时，装配精度由零件制造精度保证。

互换装配法的特点：

1）装配操作简便，生产效率高。

2）便于组织流水线作业及自动化装配。

3）便于采用协作方式组织专业化生产。

4）零件磨损后，便于更换。

但这种方法对零件的加工精度要求较高，制造费用将随之增大。因此，这种装配方法适用于组成件数少、精度要求不高或大批量生产。例如自行车、汽车、电气设备等。

（2）选配法。选配法是将零件的制造公差适当放宽，然后选取其中尺寸相当的零件进行装配，以达到配合要求。选配法又可分为直接选配法和分组选配法两种。

1）直接选配法。由装配工人直接从一批零件中选择“合适”的零件进行装配。这种方法比较简单，零件不必事先分组。但装配中挑选零件的时间长，装配质量取决于装配工人的技术水平，不宜用于要求较严的大批量生产。

2）分组选配法。将一批零件逐一测量后，按实际尺寸的大小分成若干组，然后将尺寸大的包容件（如孔）与尺寸大的被包容件（如轴）相配，将尺寸小的包容件与尺寸小的被包容件相配。这种装配法的配合精度取决于分组数，增加分组数可以提高装配精度。

分组装配法的特点：

①经分组选择后零件的配合精度高。

②因零件制造公差放大，所以加工成本降低。

③增加了对零件的测量分组工作量，并需要加强对零件的储存和运输管理，否则易造成半成品和零件的积压。

分组选配法常用于成批或大量生产，装配精度高、配合件的组成数少，又不便于采用调整装配的情况。如柴油机的活塞与缸套、活塞与活塞销、滚动轴承的内外圈及滚子等。

（3）调整装配法。在装配时用改变产品中可调整零件的相对位置或选用合适的调整件以达到装配精度的方法，称为调整装配法。图 9—1 所示为用垫片来调整轴向配合间隙的方法。图 9—2a 所示是通过调节套筒的轴向位置来保证其与齿轮轴向间隙的要求；图 9—2b 所示是用调节螺钉调节镶条的位置来保证导轨副的配合间隙；图 9—2c 所示是用调节螺钉使楔块上下移动来调节丝杠和螺母间的轴间隙。

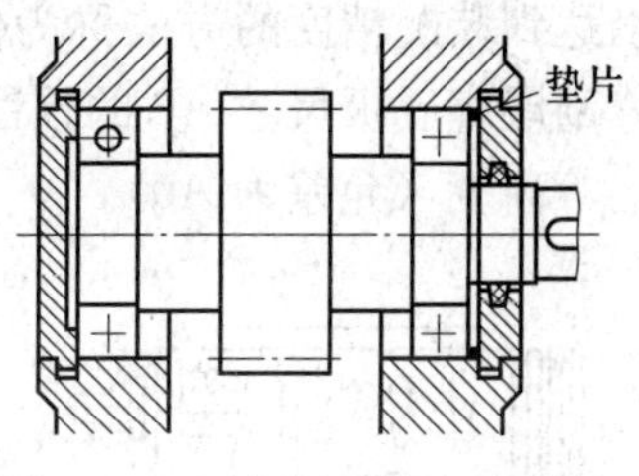

图 9—1　固定调整装配法示例

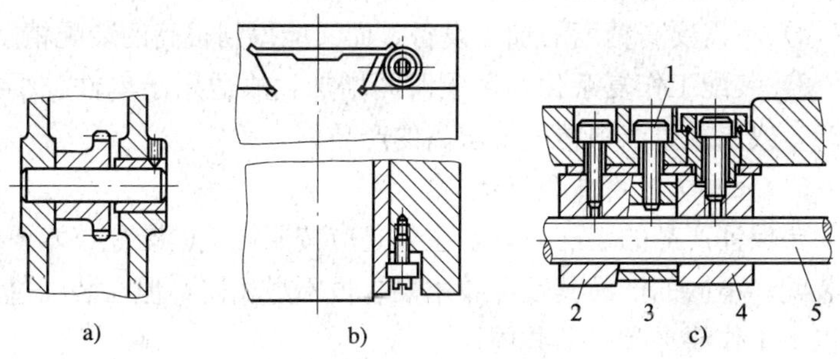

图 9—2　可动调整装配法

1—调节螺钉　2，4—螺母　3—楔块　5—丝杠

调整装配法的特点：

1）装配时，零件不需要任何修配加工，只靠调整就能达到装配精度。

2）可进行定期调整，故容易恢复配合精度，这对容易磨损或因温度变化而需改变尺寸位置的结构是很有利的。

3）调整件容易降低配合副的连接刚度和位置精度，所以要认真、仔细地调整，调整后，固定要坚实牢靠。

（4）修配装配法。在装配时修去指定零件上预留的修配量，以达到装配精度的方法称为修配装配法。如图 9—3 所示，通过修刮尾座底板尺寸 $A2$ 的预留量，使前后两顶尖中心线达到规定的等高度（允差为 $A0$）。

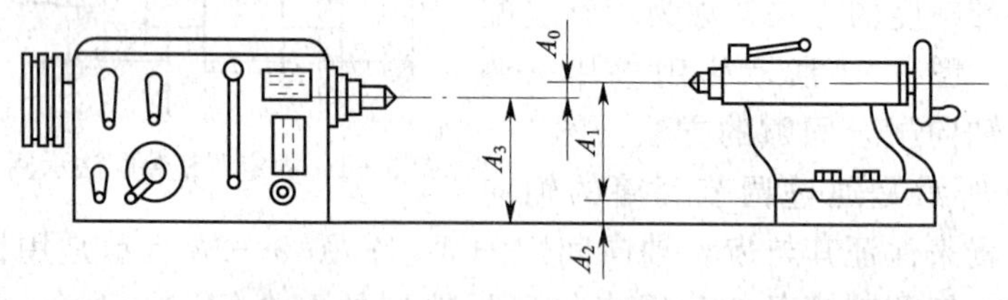

图 9—3　修配装配法

修配装配法的特点：

1）零件的加工精度要求降低。

2）不需要高精度的加工设备，而又能得到很高的装配精度。

3）装配工作复杂化，装配时间增加，故适用于单件、小批生产，或成批生产中精度要求高的产品。

6．装配工艺要点和调试

要保证产品的装配质量，主要是应按照规定的装配技术要求去装配。不同的产品其装配技术要求虽不尽相同，但在装配过程中以下工作要点是必须共同遵守的：

（1）做好零件的清理和清洗工作。清理工作包括去除残留的型砂、铁锈、切屑等，对于孔、槽、沟及其他容易存留杂物的地方，尤其应仔细清理。零件加工后的去毛刺、倒角工作应保证做到完善，但要防止因操作鲁莽损伤其他表面而影响精度。

零件的清洗工作一般都是不可缺少的，其清洁的程度，可视相配表面的精密性高低而允许有所差别。例如，对于轴承、液压元件和密封件等精密零件的清洁程度，要求应十分严格。特别要注意的是，对于已经仔细清洗过的零件，装配时若随意拿棉纱再去擦几下，反而是一种不清洁的做法。

（2）做好润滑工作。相配表面在配合或连接前，一般都需加油润滑。因为如果在配合或连接之后再加油润滑，往往不方便和不全面，会导致机器在启动阶段因一时不能及时供油而加剧磨损。对于过盈连接件，配合表面如缺乏润滑，则当敲入或压合时极易发生拉毛现象。活动连接的配合表面缺少润滑时，即使配合间隙准确，也常常因有卡滞而影响正常的活动性能，有时会被误认为配合不符合要求。

(3) 相配零件的配合尺寸要准确。装配时，对于某些较重要的配合尺寸进行复验或抽验，常常是很必要的一项工作，尤其是当需要知道实际的配合间隙或过盈时。过盈配合的连接一般都不宜在装配后再拆下重装，所以对实际过盈量的准确性更要十分重视。

(4) 边装配边检查。当所装的产品较复杂时，每装完一部分应检查是否符合要求，不要等大部分或全部装完后再检查，此时发现问题往往为时已晚，有的甚至不易查出问题产生的原因。

在对螺纹连接件紧固的过程中，还应注意对其他有关零部件的影响，即随着螺纹连接件的逐渐拧紧，有关的零部件位置也可能有所变动，此时要防止发生卡住、碰撞等情况，以免产生附加应力而使零部件变形或损坏。

(5) 试车时的车前检查和启动过程的监视。试车意味着机器将开始运动并经受负荷的考验，不能盲目从事，因为这是最有可能出现问题的阶段。试车前，作一次全面的检查是很必要的，例如，装配工作的完整性、各连接部分的准确性和可靠性、活动件运动的灵活性、润滑系统是否正常等。在确保都准确无误和安全的情况下，方可开机运转。

当机器开始启动后，应立即全面观察一些主要工作参数和各运动件的运动是否正常。主要工作参数包括润滑油压力和温度、振动和噪声、机器有关部位的温度等。只有当启动阶段各运行指标均正常稳定时，才有条件进行下一阶段的试机内容。而启动一次成功的关键在于装配全过程的严密和认真。

三、冷冲模装配实例

如图 9—4 所示装配该零件，冷冲模装配步骤如下：

1. 熟悉模具装配图

装配前必须熟悉装配图，了解模具的结构特点、零件的连接方法和配合性质、冲制件的形状和尺寸，以及凸凹模的间隙要求等，以便确定装配基准、装配次序和装配方法。

2. 组织工作场地

根据模具的结构和装配方法，确定装配场地。按装配图、明细表清点各种要装配的零件，准备必要的工夹量具、材料和辅助设备。

3. 清理和检查零件

清洗模具零件上的油污及积灰，倒钝残留棱边（凹模、凸模刃口除外），复验关键零件的尺寸精度、形位精度和表面粗糙度。

4. 安装模具的固定部分

固定部分主要是指与下模座连接的零件，如凹模、导板、卸料板、导柱等。

5. 安装模具的活动部分

活动部分主要是指与上模座连接的零件，如凸模、顶出件、模柄、导套等。

6. 调整模具的相对位置

主要是调整凹模和凸模之间的间隙。

7. 固定模具的固定部分

用销钉固定凹模，固定后还应检查一次间隙。

8. 固定模具的活动部分

用销钉固定凸模。

9. 检查装配质量

包括对模具的外观质量、各部件间连接的情况及凹凸模间隙的检查。

10. 试冲和调整

试冲和调整是模具装配过程中最重要的一个步骤，包括以下3项：

(1) 将装配完的模具安装到相应的冲床上进行试冲。

(2) 按图样要求检查试冲出制件的质量。

(3) 若制件质量不符，则应分析原因，找出缺陷并对模具作进一步的调整，直至试冲零件合格为止。

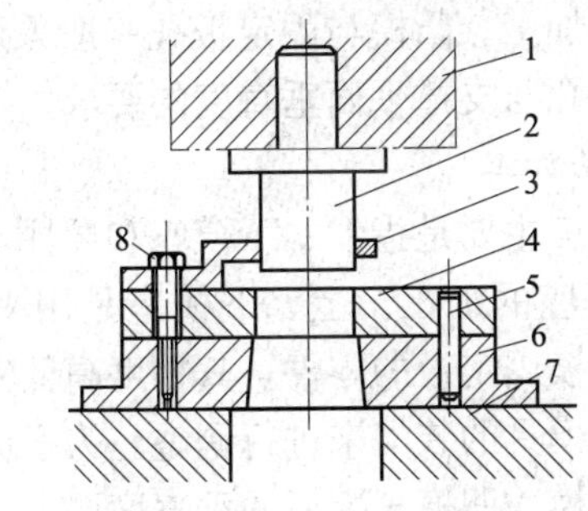

图 9—4 冷冲模工件

1—滑块 2—凸模 3—卸料板 4—凹模 5—销钉 6—下模座 7—台面 8—螺钉

模块二 简单冲裁模

一、训练目标

1. 掌握模具的构造和制作工艺。

2. 能按图样进行钳工加工和装配，巩固提高所学的基本操作技能。

二、装配步骤

1. 凸模、凹模的加工

由于凸模和凹模的刃口都是圆形，加工较为简单，可使用车床、磨床等一般通用机床进行加工。其工艺过程一般为：利用型材下料→在车床上粗车、半精车内孔、外圆及两端面→划全部螺孔及定位销孔线→钻孔、攻螺纹及铰定位销孔→淬火、回火（凹模 HRC60～64、凸模 HRC58～62）→按图样要求精磨凸模的圆柱面、凹模的工作孔口及上、下端面。上述的关键工序是最后的精磨工序，要达到各种精度要求，保证凸模和凹模的规定间隙。

2. 固定板的加工

凸模固定板的配合部分为圆柱形，制造较简单，可采用车或镗、磨的方法进行加工。凸模与固定板孔一般采用 K7/h6 配合。加工时，必须注意孔与支撑平面垂直度的要求。

3. 模架零件的加工

模架零件的加工主要是指上、下模座和导柱、导套的加工。

（1）上、下模座的加工。上、下模座是用来压入导柱、导套，安装凸模、凹模固定板的零件，其精度高低完全取决于加工质量，而无法通过模具的装配来进行调整。为了保证上、下模座的导向精度以及凸模、凹模安装后的垂直度要求，对上、下模座有以下技术要求：

1）安装导柱、导套的孔中心距必须一致，且要与上、下座安装底平面垂直。

2）上模座的上平面与下模座的下平面必须平行。

上、下模座通常由铸铁或铸钢制造，制造过程如下：

铸造→热处理：铸件毛坯退火，消除应力→刨（铣）：粗加工模座的上、下两平面，留磨削余量 0.5～1 mm→磨：磨上、下两平面，表面粗糙度值应低于 0.8 μm，并检验两平面的平行度是否符合要求→钳：在上、下模座的空挡位置分别钻 2～3 个孔并攻螺纹，用螺钉将上、下模座固定在一起，必要时还需打上 2 个圆柱销；按模架精度等级要求，检查上模座上平面与下模座下平面的平行度；划孔线，钻安装导柱和导套的底孔，留 1～2 mm 的加工余量→镗：上、下模座固定一起合镗导柱及导套孔，保证各项精度要求。

（2）导柱、导套的加工。

1）导柱加工的一般工艺过程。用圆柱棒料锯断下料→车：平头，钻中心孔，车所有平面，配合表面留磨削余量 0.3～0.5 mm→钻：钻润滑油孔→热处理：渗碳、淬火至 HRC56～63→修研中心孔→磨：尽可能在一次装夹中精磨出所有的配合表面，对最后需要研磨加工的导柱，磨削配合表面时应留有 0.01～0.015 mm 研磨余量。

2）导套加工的一般工艺过程。用圆柱棒料锯断下料→车：车所有平面，配合表面留磨削余量→热处理：渗碳、淬火至 HRC50～56→磨：以非配合外圆柱面定位、夹紧，精磨内、外配合表面至尺寸及精度要求→抛光孔口圆角。对导向精度高的导套，内圆磨削后应留 0.01～0.015 mm 的研磨余量。

4. 主要零部件的装配

（1）凸模与凸模固定板的装配。凸模与凸模固定板的连接一般为过盈配合，是用压入法进行装配的。压入凸模时，应将凸模置于压力机的压力中心，压入速度不宜太快，当压入深度达总深度的 1/4 时，应用角尺检查凸模的垂直度，防止歪斜，垂直度合格时才能继续压入。凸模压入后，要以固定板的下平面为基准将上平面与凸模尾部一起磨平（见图 9—5a），同时保持凸模刃口锋利，再将凸模的端面磨平（见图 9—5b）。

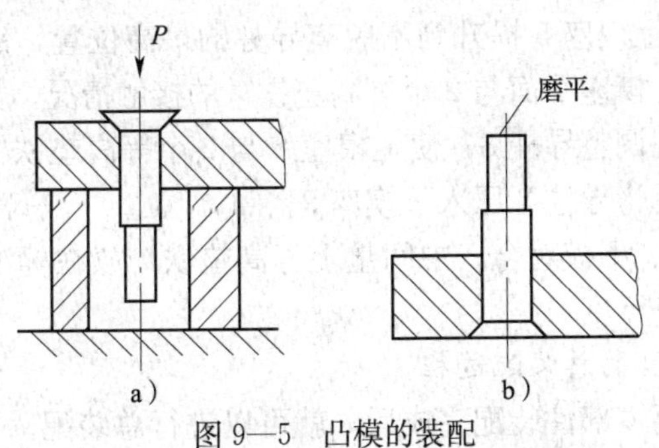

图 9—5 凸模的装配

a）压入凸模后磨平尾部 b）磨平凸模的端面

(2) 模架的装配。模架的装配主要是指上、下模座与导套、导柱的装配。常用的方法如图 9—6 所示。

1) 上模座应放在专用工具 4 上 (该工具有 2 个与底板面垂直与导柱直径相同的圆柱), 将导套分别套在 2 个圆柱上, 垫上 2 个等高垫圈 1, 在压力机上将 2 个导套同时压入模座, 如图 9—6a 所示。

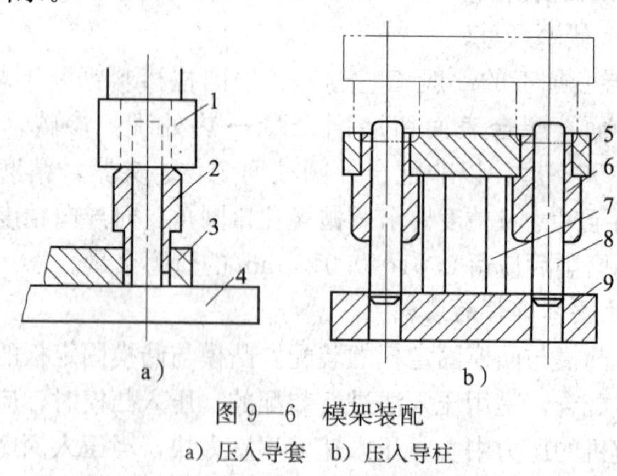

图 9—6 模架装配

a) 压入导套 b) 压入导柱

1—等高垫圈 2, 6—导套 3, 5—上模座 4—专用工具 7—等高垫铁 8—导柱 9—下模座

2) 在上、下模座间垫上等高垫铁 7, 将导柱 8 装入导套 2, 用压力机将导柱 8 压入下模座 9 约 5～6 mm, 如图 9—6b 所示。

3) 在上模座 5 提升到不脱离导柱的最高位置, 然后轻轻放下, 检查上模座平面与 2 个等高垫铁 7 的接触情况。如果接触松紧不一, 则调整导柱 8, 使上模座 5 与 2 个等高垫铁 7 接触松紧一致, 然后将导柱 8 压入下模座 9。

4) 上、下模对合, 中间垫上等高垫铁, 放在标准平板上检查模座的平行度。

5. 模具的总装配过程

当主要零部件装配完成后, 就可以进行总装配。根据图 9—7 所示进行总装配。

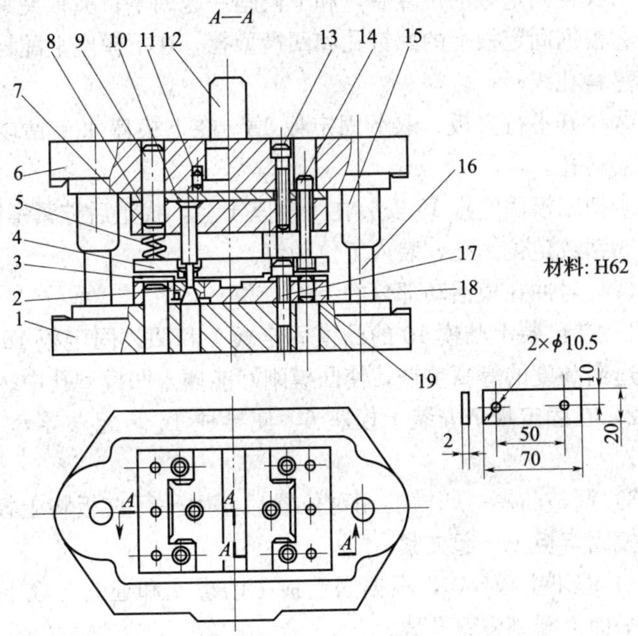

图 9—7　导柱式冲孔模

1—下模座　2—凹模镶件　3—定位板　4—弹压卸料板　5—弹簧　6—上模座　7，18—固定板　8—垫板　9，11，19—销钉　10—凸模　12—模柄　13，17—螺钉　14—卸料螺钉　15—导套　16—导柱

（1）对冲孔模固定部分的装配和固定。对于凹模装在下模座上的导柱模，模具的固定部分是装配时的基准部件，应该先行装配。先将已装配好导柱、导套的上、下模座分开。

1）将凹模镶件 2 涂油后，装入固定板 18 的孔中。

2）磨平固定板 18 的底面。

3）在固定板 18 上安装定位板 3。

4）把已安装好凹模和定位板的固定板 18 装在下模座 1 上，

步骤是：

①找正固定板的位置后，和下模座一起用平行夹板夹紧。

②根据固定板上的螺钉孔和凹模型孔，在下模座上配划螺钉孔和落料孔线。

③松开平行夹板，取下固定板 18，在下模座 1 上钻攻螺钉孔和漏料孔。

④把凹模固定板 18 安装在下模座 1 上，找正后拧紧螺钉。

⑤钻铰定位销孔，装入定位销钉。

（2）对冲孔模活动部分的装配。

1）在已装上凸模 10 的凸模固定板 7 和凹模固定板 18 之间垫上适当高度的等高垫铁，使凸模刚好能插入凹模型孔中。

2）在固定板 7 安装上模座 6，使导柱 16 装配入导套 15 的孔内。

3）调整凸模、凹模的相对位置后，用平行夹板将上模座 6 和凸模固定板 7 一起夹紧。

4）取下上模座 6，根据固定板 7 的螺孔和通孔，在上模座的下平面上配划螺钉孔线。

5）松开平行夹板，取下固定板 7，在上模座上按划线钻各个螺钉孔。

6）装配模柄 12，擦净模板和上模座孔的配合面，并涂上机油，在压力机上将模柄压入上模座孔中，钻铰定位孔，将定位销钉 11 打入孔中，然后把上模板底面与模柄端面一起磨平。安装好模柄后，应用 90°角尺检查模柄与模座上平面的垂直度。

7）在上模座上安装垫板 8 和凸模固定板 7，轻轻拧上紧固螺钉。

8）将上模座放在下模座上，使导柱 16 装配入导套 15 孔中。

（3）调整冲孔模的间隙。用铜锤敲击凸模固定板，使凸模、凹模配合间隙均匀，然后紧固上模座 6 和凸模固定板 7 间的紧固螺钉。

(4) 固定冲孔模的活动部分。

1) 取下模座，在上模座 6 和凸模固定板 7 上钻铰定位孔，装上定位销钉 9。

2) 再次检查凸模、凹模的配合间隙。如果因钻铰钉孔而使间隙又变得不均匀，则应取出定位销钉 9，再次调整凸模、凹模间隙，间隙均匀后，换位置重新钻铰销钉孔，并装上定位销钉，直到固定后凸模、凹模配合间隙仍然保持均匀为止。

3) 将弹压卸料板 4 套在凸模上，装上卸料螺钉 14 和弹簧 5。装配后的弹压卸料板应能灵活移动，凸模端面缩进卸料板孔 0.5 mm 左右。

4) 安装其他零件。

三、注意事项

1. 本件由于配合件多、加工面多，而且不少部分加工精度要求高，故必须使每一个工序内容都要达到规定要求。

2. 在整个加工中，须多次拆装，故在拆装中要小心，防止产生敲毛碰伤等情况。

3. 钻、铰定位销孔，必须保证零件间在达到正确位置和有关要求的情况下进行。

综合训练　复合冲裁模的制作

一、训练目标

1. 了解冲裁模的加工工艺过程。

2. 掌握冲裁模的制作过程。

3. 掌握模具的装配方法。

二、模具的制作

1. 圆形凸模的制作

如图 9—8 所示，制作圆形凸模工艺过程见表 9—1。

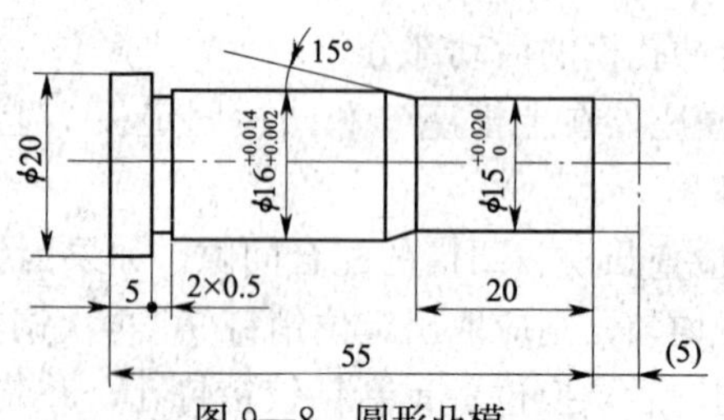

图 9—8　圆形凸模

表 9—1　　**圆形凸模工艺过程**

序号	工序名称	工序内容	备注
1	车	车削成形，留出磨削余量，刀口有效长度加长 5 mm	加长部分装配时切去
2	热处理	淬火：HRC60～62；柄部回火：HRC35～40	
3	磨	$\phi16^{+0.014}_{+0.002}$ mm 按固定板配磨，$\phi15^{+0.02}_{0}$ mm 磨至尺寸	

2．异形凸模的制作

如图 9—9 所示，制作异形凸模工艺过程见表 9—2。

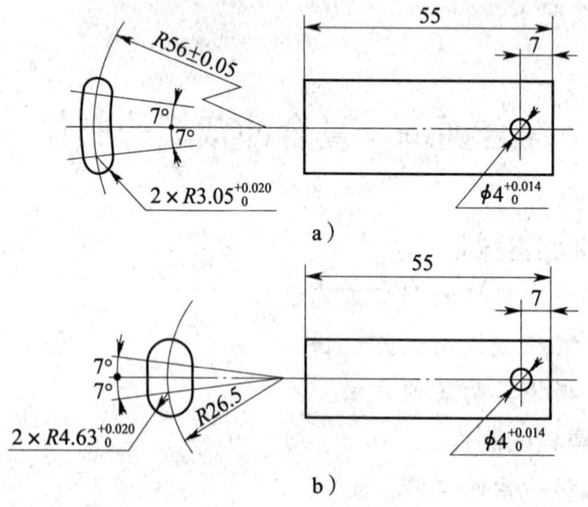

图 9—9　异形凸模

表 9—2　　异形凸模工艺过程

序号	工序名称	加工内容
1	铣	铣削 6 面，达到 55 mm×21 mm×8 mm 和 55 mm×16 mm×10 mm
2	磨	平磨 55 mm，两端面见光
3	钳	在磨光的端面划出成形线（一般在刀口的一端），并划侧面 ϕ4 mm 挂销孔的中心线
4	钳	钻、铰 ϕ4 mm 挂销孔
5	热处理	淬火：HRC60～62；柄部回火：HRC35～40
6	线切割	加工成形

3. 凸模固定板的制作（见图 9—10）

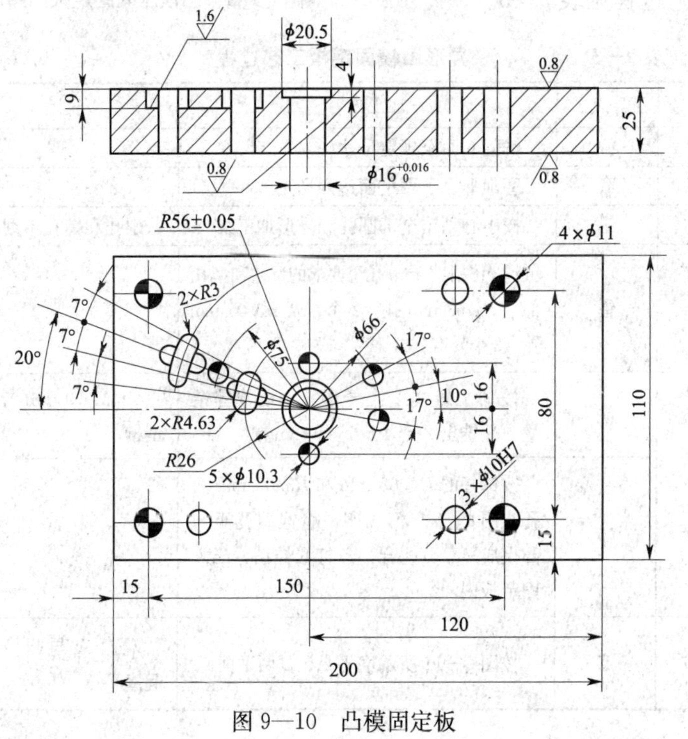

图 9—10　凸模固定板

在加工凸模固定板时，要通过机械加工和手工加工配合完成。中间的凸模孔 $\phi16^{+0.016}_{0}$ mm 是通过镗削达到尺寸要求的，另外 2 个异形凸模孔则是按已加工好的凸模压印修锉完成。在手工压印修锉配作中，应注意保证各凸模相互之间的尺寸公差和孔中心距与安装面的垂直度。3 个凸模与固定板孔的配合为 M8/h7。固定板加工完毕后，即可将 3 个凸模压入固定板内，在压入前对 2 个异形凸模各打入 $\phi4$ mm 挂销。最后如图 9—11 所示磨削加工 A、B 两平面。制作异形凸模固定板工艺过程见表 9—3。

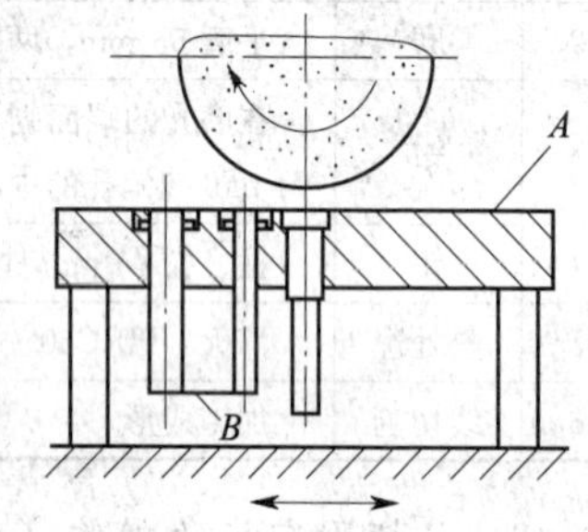

图 9—11　凸模压入固定板的磨削

表 9—3　　异形凸模固定板工艺过程

序号	工序名称	加工内容	备注
1	铣	铣削 6 面至规定尺寸	
2	磨	磨削上、下两平面达到见光	
3	钳	按中心划出全部圆孔和异形加工线	螺孔和销孔不划
4	镗	镗 $\phi16^{+0.016}_{0}$ mm 孔至要求的尺寸和型孔部位 $R4.63$ mm 孔（2 个）及 $R3.05$ mm 孔（2 个）	
5	铣	按加工线铣 2 个异形孔，留修锉余量，并铣出 2 个 4 mm×9 mm 槽	4 mm×9 mm 为挂销槽
6	钳	按镗好的 $R4.63$ mm 和 $R3.05$ mm 两孔，用 a、b 凸模压印，修锉型孔至与凸模成M8/h7配合，各打入挂销，压入固定板内	
7	磨	按图 9—11 所示磨平 A、B 两平面	端面 A 与凸模一起磨平

4. 凹模的制作（见图 9—12）

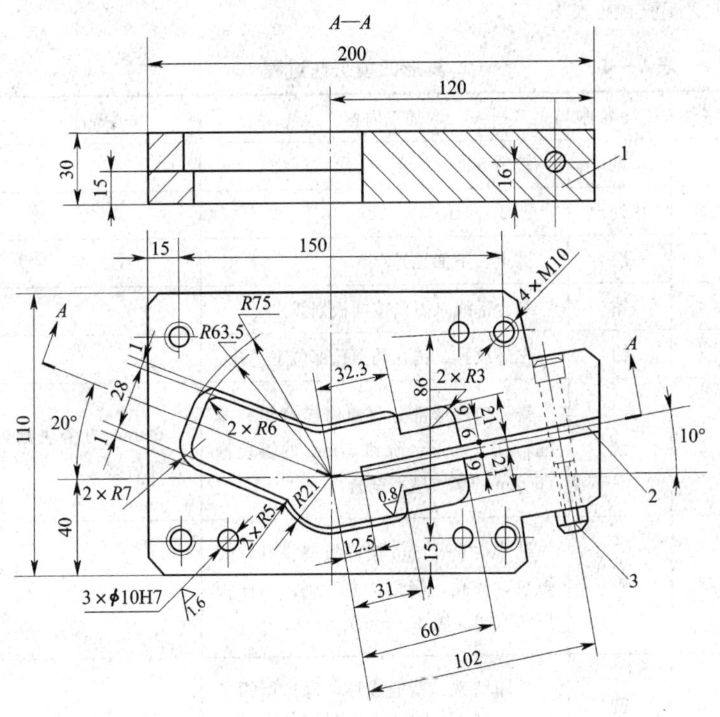

图 9—12　凹模

1—镶块　2—镶块槽　3—螺栓

在加工前自制样板，其外形按凹模刀口型，内部形状按凸模刀口外形，厚度取 6～10 mm，淬火 HRC60～62，精度按样板技术要求设计制造。此样板外形可作凹模修锉压印用，内部形状可供安装凸模和凹模时定位用，故孔中心距必须与凸模固定一致，为了简化样板内部形状的加工，可任取一型孔和中间孔，使中心距加工到与固定板一致。而另一型孔可做得比凸模大，不起定位作用。凹模刀口型孔经粗加工后，按样板压印精铣。压印时，若余量过多或不均匀而不能压印时，可将型孔边缘倒成小的斜角，压印后精铣，每边留余量约 0.1 mm，以便修锉。制作异形凹模工艺过程见表 9—4。

表 9—4　　　　异形凹模工艺过程

序号	工序名称	加工内容	备注
1	铣	铣削 6 面	
2	热处理	调质：HRC26～28	
3	磨	磨上、下面见光	
4	钳	划全部线（刀口按样板划线）	
5	钳	钻螺纹孔、销孔及型孔部位工艺孔	
6	铣	铣刀口成形部分（留修锉余量）及漏料孔、外形台阶和 6 mm 的镶块槽（6 mm 的镶块槽不铣通）	6 mm 的镶块槽热处理后磨通
7	钳	钻 $\phi10^{+0.016}_{0}$ mm 镶样板块销孔，攻螺纹，铰孔，倒角，去毛刺，用样板压印（印深约 0.5 mm）	
8	铣	按印精铣、精插成形，每边留钳工精修余量约 0.1 mm	
9	钳	按样板压印，手工精修	
10	热处理	淬火 HRC60～62	
11	磨	磨上、下平面及 6 mm 镶块槽，磨通并配入镶块	
12	钳	用细油石研光刀口	保证刀口部分的垂直度

5. 凸凹模的制作（见图 9—13）

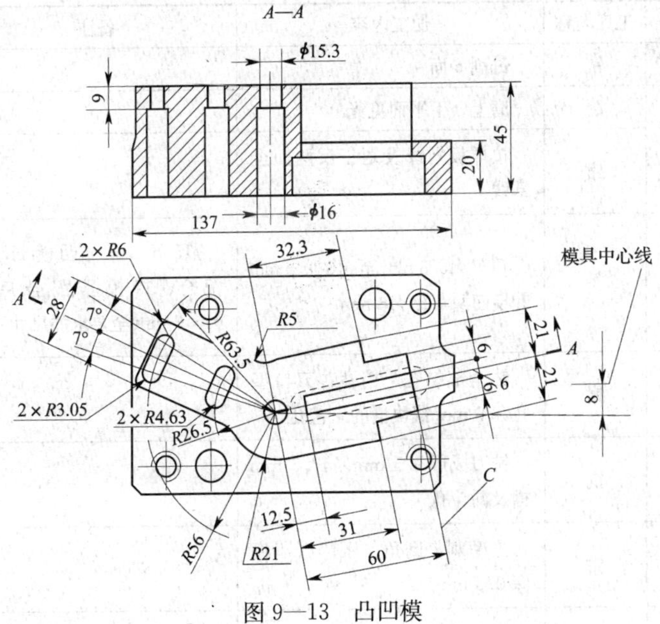

图 9—13　凸凹模

凸凹模的制作是采用凸模和凹模装在一起压印的方法，将凹模与凸模及凸模固定板装好（见图 9—14），并打入圆柱销定位。取出样板即可用其对凸凹模进行压印。压印尺寸以凹模为准，修锉凸模。内部形状尺寸以凸模为准，修磨凹模，达到配合要求。制作异形凸凹模工艺过程见表 9—5。

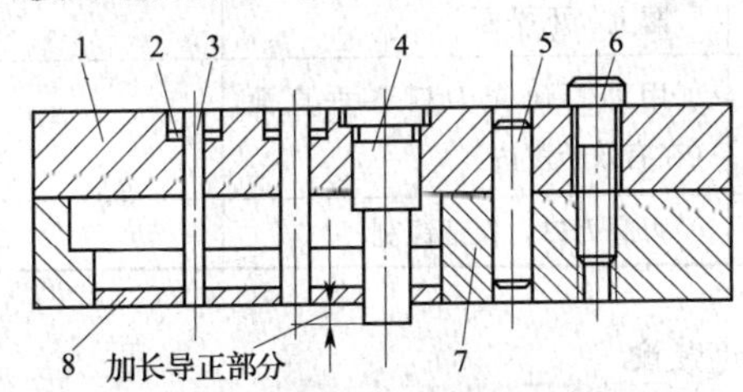

图 9—14　凹模和凸模固定板的装配

1—凸模固定板　2—挂销　3—异形凸模　4—圆形凸模

5—圆柱销　6—内六角螺钉　7—凹模　8—样板

表 9—5 异形凸凹模工艺过程

序号	工序名称	加工内容	备注
1	铣	铣削 6 面	
2	磨	磨上、下平面见光	
3	钳	按样板划线及划正反两面全部线	
4	车	精车 ϕ15.3 mm 至 $\phi 10^{+0.03}_{0}$ mm 和反面漏斗孔 ϕ16 mm	ϕ15 mm 孔与凸模 H7/h6 配合，待模具配合后磨 ϕ15.3 mm 至要求的尺寸
5	钳	钻全部螺孔、销孔、刀口型孔和 6 mm 镶块槽的工艺孔	
6	铣	铣刀成形 9.5 mm×47.5 mm 槽及漏斗孔	
7	钳	去毛刺、倒角、压印（印痕深 0.5 mm）	
8	铣	依印痕精铣外形及型孔（留钳工精修余量）	
9	钳	去毛刺、攻螺纹、铰孔、压印精修、配合间隙（*C* 面除外）	*C* 平面的间隙待模具装配后磨出
10	热处理	淬火 HRC60～62	
11	磨	磨上、下平面	
12	钳	用油石研光刀口各垂直面（在有效长度内）	
13	磨	刃磨刀口，保证锋利	

6. 模具的装配

(1) 将已装配好的模架，依据凸凹模划出下模座上的螺纹孔及落料孔线。

(2) 钻下模座 M10 的 4 个螺钉孔、落料孔和 ϕ18 mm 的 2 个弹簧孔。

(3) 铣加工 2 个异形凹模孔所对应的落料孔。

(4) 除去孔边毛刺，安装凸凹模于下模座上。配钻、铰 ϕ10 mm 的 2 个定位销孔，并打入定位销。

(5) 将凹模装在凸凹模上，在凹模上装上 4 个定心样冲，如图 9—15 所示，确定出上模座的 4 个 M10 螺钉孔位置，然后钻削 4 个 ϕ11 mm 的螺钉通孔。

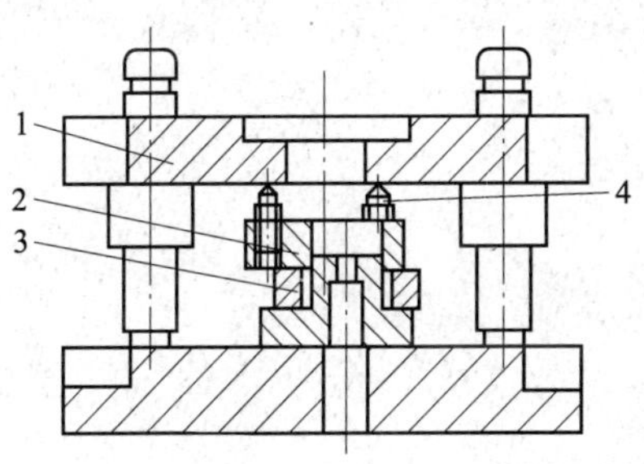

图 9—15　用定心样冲定出螺钉孔位置

1—模架　2—凹模　3—垫铁　4—定心样冲

(6) 凹模在凸凹模上装好后，用 4 个内六角螺钉将其安装在上模上，初步找正间隙，然后以纸试法检查间隙是否均匀。间隙调整均匀后配钻、铰上模座上的 2 个 ϕ10 mm 销孔。

(7) 依据固定板划好上模座推板孔的线，并预钻工艺孔和铣削推板孔。

(8) 装好上模后，要与模具刀口平齐。拆下凸凹模，磨削孔 ϕ15.3 mm 至相应尺寸。

(9) 重新装好凸凹模，再用纸试法检查间隙。如局部间隙偏小，可进行精修。间隙修好后，刃磨刀口使其保持锋利。

(10) 装上落料板、挡料销等其他零件，全部装配完毕后进行调试。

三、注意事项

1. 在装配时，应先将拼块凹模装入下模座，然后，再以凹模为基准安装凸模，最后将凸模装入固定板和上模座中。

2. 冲模的零件装入上、下模座时，应先装上作为基准的零件，装妥并经检查无误后，才能钻、铰销钉孔并配入销钉。

3. 冲模在装配结束及经检查间隙符合要求后，必须在实际生产条件下进行试冲。

已出版的职业技能培训教材书目

农民工引导性教材		服装制作类	
进城务工教育读本	9.00	服装加工基本技能	15.00
进城务工指导(2 VCD)	40.00	服装制作基本技能	12.00
农民进城就业宣传画	18.00	服装缝纫基本技能	5.00
农民工安全生产指南	2.00	手工编织	10.00
农民工权益维护指南	3.00	服装缝纫车工	15.00
农民进城就业指南(2007)	1.50	制鞋针车工	6.00
了解艾滋病　预防艾滋病	1.50	制鞋工基本技能	8.00
艾滋病防治教育30问	5.00	**商业服务类**	
社区服务类		超市仓库保管	7.00
保安基础知识与技能	8.00	商务英语口语(配盘)	12.00
婴幼儿护理	8.00	酒店英语(配盘)	19.00
家庭服务基本技能	6.00	**美容与保健类**	
家庭钟点服务基本技能	6.00	美容基本技能	7.00
月嫂服务实用技能	9.00	美发基本技能	7.00
插花	9.00	美发助理	5.00
护理员基本技能	9.00	保健按摩基本技能	6.00
环卫保洁基本技能	6.00	保健拔罐基本技能	7.00
家庭保洁	7.00	手足修复	9.00
养老护理	6.00	**制造与修理类**	
物业电工基本技能	7.00	机械识图入门	7.00
社区房屋维修	7.00	电工电子基础知识	7.00
社区保安	8.00	车工基本技能	7.00
社区绿化	10.00	锻造工基本技能	10.00
社区公共设备管理	7.00	铸造工基本技能	7.00
社区管道设备维修	7.00	汽车修理基本技能	10.00
社区保洁	7.00	锅炉设备安装	8.00
服务行业普通话	12.00	维修电工基本技能	11.00

续表

磨工基本技能	12.00	Internet 入门与应用	7.00
镗工基本技能	8.00	PowerPoint 入门与应用	8.00
冷作钣金工基本技能	7.00	FrontPage 入门与应用	8.00
司炉工基本技能	8.00	Outlook 入门与应用	8.00
电子装接工基本技能	7.00	**餐饮酒店类**	
挡车工基本技能	7.00	烹饪原料加工基本技能	8.00
钳工基本技能	10.00	烹饪基本技能	9.00
铣工基本技能	8.00	餐厅服务员基本技能	7.00
焊工基本技能	10.00	客房服务基本技能	6.00
起重机械操作技能	9.00	餐饮服务基本技能	15.00
电工基本技能	12.00	中式面点制作	7.00
摩托车修理基本技能	7.00	西式面点制作	6.00
CNC 雕刻机操作技能	16.00	蔬菜脱水干制技能	10.00
印刷工基本技能	10.00	食品雕刻技能	6.00
装配钳工基本技能	7.00	屠宰工基本技能	6.00
文秘与计算机类		**建筑与装饰类**	
文秘基础知识与技能	12.00	木工基本技能	10.00
计算机组装基本技能	11.00	瓦工基本技能	8.00
文字录入与处理	8.00	管道工基本技能	9.00
Windows XP 入门与应用	7.00	钢筋工基本技能	7.00
Word 入门与应用	8.00	架子工基本技能	9.00
Excel 入门与应用	9.00	防水工基本技能	13.00
Photoshop 入门与应用	10.00	混凝土工基本技能	5.00
Visual FoxPro 入门与应用	8.00	道路施工基本技能	6.00